HUANJING KONGQI ZHILIANG YUBAOYUJING
FANGFA JISHU ZHINAN

# 环境空气质量预报预警方法技术指南

## （第一版）

中国环境监测总站　编

中国环境出版社·北京

图书在版编目（CIP）数据

环境空气质量预报预警方法技术指南 / 中国环境监测总站编. -- 北京：中国环境出版社，2014.5

ISBN 978-7-5111-1811-0

Ⅰ. ①环… Ⅱ. ①中… Ⅲ. ①环境空气质量－预报－指南 Ⅳ. ① X-651

中国版本图书馆 CIP 数据核字（2014）第 066074 号

**出 版 人** 王新程
**责任编辑** 曲　婷
**责任校对** 扣志红
**装帧设计** 彭　杉

---

**出版发行** 中国环境出版社
（100062　北京市东城区广渠门内大街 16 号）
网　　址：http://www.cesp.com.cn
电子邮箱：bjgl@cesp.com.cn
联系电话：010-67112765（编辑管理部）
010-67112736（监测与监理图书出版中心）
发行热线：010-67125803，010-67113405（传真）
**印　　刷** 北京中科印刷有限公司
**经　　销** 各地新华书店
**版　　次** 2014 年 6 月第 1 版
**印　　次** 2014 年 6 月第 1 次印刷
**开　　本** 787×960　1/16
**印　　张** 10
**字　　数** 208 千字
**定　　价** 35.00 元

---

# 编写指导委员会

**主　任**：陈　斌

**副主任**：李国刚　王业耀　傅德黔　王自发　李健军

**委　员**：（以姓氏笔画为序）

王业耀　王自发　王晓利　田一平　伏晴艳　李　杰
李国刚　李健军　杨　坪　张祥志　陈　威　陈　斌
陈建文　罗　彬　赵　越　钟流举　晏平仲　康晓风
傅　寅　傅德黔　翟崇治

**主　编**：陈　斌　李国刚　王自发　李健军

**副主编**：晏平仲　刘　冰

**编　写**：（以姓氏笔画为序）

丁俊男　于晓征　马琳达　王　茜　王自发　王晓彦
区宇波　叶贤满　朱媛媛　伏晴艳　仲晓倩　刘　冰
刘　闽　许　荣　孙　峰　李　杰　李　娟　李健军
肖建军　吴其重　吴剑斌　汪　巍　汪志国　张明明
张懿华　陆　涛　陆晓波　陈焕盛　林　宏　林陈渊
赵倩彪　赵熠琳　钟流举　段玉森　晏平仲　徐　洁
徐　曼　徐文帅　高梦冉　高愈霄　唐　晓　黄向锋
梁桂雄　蒋芸芸　喻义勇　焦聪颖　鲁　宁　谢　敏
廖云飞

# 前　言

2013 年 9 月，国务院颁布了《大气污染防治行动计划》，要求各地建立监测预警体系，其中京津冀、长三角、珠三角区域要求于2014年完成区域、省、市级重污染天气监测预警系统建设，其他省（区、市）、副省级市、省会城市于 2015 年年底前完成。《环境空气质量预报预警方法技术指南》（第一版）（以下简称《指南》）是一本系统介绍环境空气质量预报预警方法和技术的书籍，在环境保护部工作要求下，由中国环境监测总站组织编写。主要内容包括预报预警机构和体系构架、预报业务基本流程、数值预报技术方法、统计预报技术方法、集合预报技术方法、预警和应急及其公共信息服务、数值预报格式源清单编制技术方法等。鉴于目前全国各地大气污染形势的严峻性，各地建设预报预警平台时间的紧迫性，本《指南》力求为环境监测系统技术人员提供基础的预报预警知识，并针对各级监测系统建立相应的预报预警平台过程中的相关需求、筹备框架等方面提出一些技术指导和参考。

《指南》由王自发和李健军策划，负责全书的总体构思和结构设计，并对各章节编写质量进行把关，由王晓彦和刘冰统稿。第一章由丁俊男、李健军、钟流举、伏晴艳、刘冰、汪巍、王晓彦、区宇波、段玉森、谢敏编著；第二章由许荣、鲁宁、李健军、赵熠琳、林陈渊、王茜、段玉森、赵倩彪、张懿华、李娟、黄向锋、孙峰、高愈霄、梁桂雄、汪巍、晏平仲、叶贤满、徐洁、张明明、蒋芸芸编著；第三章由王晓彦、刘闽、林宏、梁桂雄、丁俊男、王茜、赵倩彪、徐曼 仲晓倩编著；第四章由刘冰、丁俊男、晏平仲、王自发、黄向锋、徐文帅、赵熠琳、李健军、王晓彦、伏晴艳、王茜、段玉森、陆晓波、傅寅编著；第五章由赵熠琳、唐晓、王自发、晏平仲、吴其重、鲁宁编著；第六章由段玉森、许荣、谢敏、丁俊男、赵熠琳编著；第七章由高愈霄、李杰、王自发、陈焕盛、吴剑斌、晏平仲、李健军、高梦冉、廖云飞、焦聪颖、马琳达编著；第八章由朱媛媛、晏平仲、王晓彦、丁俊男、刘冰编著；第九章由汪巍、丁俊男、李健军、于晓征、肖建军、汪志国编著。同时，《指南》涉及的内容较多，很多经验是从技术实践中总结而来，由于我们的学识水平和实际经验限制，《指南》定会有不全面之处，甚至也存在不妥或错误的地方，望同行不吝赐教。

编者

2014 年 4 月

# 目 录

# 第一章　业务体系构架

## 第一节　国家预报预警体系规划

根据整体规划设计的原则，国家环境空气质量预报预警业务体系分为“国家—区域—省级—城市”四个层次。

国家环境空气质量预报预警中心（以下简称“国家中心”）是全国环境空气质量预报的指导中心、数据支持中心和产品信息中心，并负责开展国家层面的环境空气质量预报业务工作。国家中心主要负责特别严重、影响范围很大的跨区域、跨省市的大气污染过程预报，向全国提供预报初始场等预报指导产品，收集全国空气质量预报预警信息，构建全国环境空气质量预报预警信息网络。通过预报可视化业务会商系统、预报产品自动化分发和发布系统实现国家中心同区域、省级和城市各级环境空气质量预报预警中心的数据信息交换与共享。同时负责对全国各级环境空气质量预报预警中心开展技术指导、技术培训等工作。

根据国家环境空气质量预报预警业务体系规划，全国范围内将逐步建设区域环境空气质量预报预警中心（以下简称“区域中心”，非跨省的区域中心可与省级环境空气质量预报预警中心合并）。区域中心作为各自区域空气质量预报的数据中心、联合预报中心和会商中心，主要负责所在区域内的环境空气质量业务预报、空气质量预报预警工作的总体协调、数据信息共享与预报会商，以及对省级环境空气质量预报预警中心的技术指导等工作。

以国家中心和区域中心为依托，各省、自治区、直辖市建立省级环境空气质量预报预警中心（以下简称“省级中心”），作为本省的数据中心和预报工作业务中心，负责本省空气质量预报预警工作协调、省级业务预报预警工作、数据信息共享与预报会商，以及对各地级以上城市预报工作开展技术指导等。

各地级以上城市建立城市环境空气质量预报预警中心，负责城市辖区内的日常环境空气质量以及城市重污染过程精细化预报。根据各地具体情况，若地级以上城市预报能力不足，可由省级中心负责开展城市环境空气质量预报预警业务平台的建设，为辖区内相关地级以上城市提供预报指导产品与支持。

## 第二节 区域预报预警体系规划

区域空气质量预报预警指针对京津冀、长三角和珠三角三大重点区域和辽宁中部、山东、武汉及其周边、长株潭、成渝、海峡西岸、山西中北部、陕西关中、甘宁和新疆乌鲁木齐等十个城市群开展的空气质量预报预警工作。这种跨省市、区域尺度范围的空气质量预报旨在预测区域内未来几天的空气质量以把握区域空气质量总体变化趋势，并重点关注存在连续重度以上污染可能的城市和地区，及时提供空气质量预警信息和重污染短期应急措施建议等。

为落实《大气污染防治行动计划》和区域大气污染联防联控的形势要求，将首先建立京津冀、长三角和珠三角重点区域空气质量预报预警中心（以下简称区域中心），再逐步扩大到十个城市群。区域中心一方面作为区域整体空气质量预报的业务平台，另一方面综合管理和系统指导区域内各省市开展精细化预报工作。区域中心是区域空气质量预报的数据中心、联合预报中心和会商中心，具体负责区域内空气质量预报预警工作的总体协调、区域层面空气质量业务化预报和对各省市精细化预报提供技术指导。依托区域中心，区域内各省市分别建立相应的预报预警中心，形成“区域—省级—城市”多级预报预警业务系统，实现区域数据共享、统筹管理、联合会商和综合服务，共同构成区域环境空气质量预报预警体系。

区域中心发布的预报预警信息，前端服务于公众知情权，后端面向环境管理部门提供预警信息作为应急方案启动的依据，为区域层面的大气污染联防联控提供技术支持。在预测到未来可能发生区域范围重污染过程时，区域中心及时发布预警信息，并提供对应的短期应急措施建议。环境管理部门适时启动区域大气污染联防联控机制，最大限度地减少短期污染物排放以降低人体健康风险。

## 第三节　省（市）预报预警体系规划

建立省市级预报预警中心是实现“国家—区域—省级—城市”架构模式的全国预报预警体系的重要环节。

在国家环境空气质量预报预警业务体系整体框架指导下，依托区域中心，各省、自治区、直辖市建立省级预报预警中心，作为本省的数据中心和会商中心，承担以省为单位的区域空气质量预报预警工作，负责所在省辖区与区域中心及各城市空气质量预报预警工作的总体协调，一方面实现与区域中心的数据传输和联合会商，为所在的大区域及周边省的空气质量预报预警提供预报支持，另一方面指导和带动本省辖区内各地级城市开展本地空气质量预报预警工作，对辖区内各城市空气质量预报预警工作的开展及全省预报预警体系建设起到重要的业务指导和技术支持作用。

根据实际情况，各地级以上城市应建立城市预报中心，部分城市由于现阶段预报能力不足，短期内无法有效实现空气质量预报业务工作，可暂时由所在省级预报预警中心负责开展城市空气质量预报工作。城市预报中心负责本市空气质量精细化预报预测，发布城市空气质量预报，为城市重污染预警提供预报支持，同时实现与所在省级预报预警中心的数据传输和预报信息交流，为区域空气质量预报提供精细化的预测支持。

省（市）级预报预警中心的组织架构视实际情况由各省（市）自行组织构建，通常可包括协调领导组、业务管理组、业务预报组和技术支持组等部分，根据需要还可成立会商专家委员会，指导辖区预报预警中心的技术发展和重污染预警会商。根据省（市）级预报预警中心承担的职责，各组织部门应分工协作，例如，协调领导组负责中心建设运行的协调及重污染天气应急预案启动等；业务管理组负责中心建设运行工作的组织实施；业务预报组负责辖区预报预警日常业务工作，应按照值班制度和首席预报员制度实现业务化运行；技术支持组负责辖区内污染源排放清单编制与更新、预报模式的搭建与维护、预报产品的开发与应用等方面。

# 第二章　预报业务机制

## 第一节　业务内容

根据环境保护部工作部署，各省、自治区、直辖市负责辖区空气质量预报预警组织构建、业务管理和能力建设，规范管理各地空气质量预报预警结果。通过全国业务预报预警体系实现信息交换和共享，最终实现全国环境空气质量预报预警工作在统一的业务管理制度和技术规定框架内开展。

环境空气质量预报服务为各级政府及有关部门提供辖区内例行24小时预报、未来3天污染潜势预测、重度以上空气污染过程的预测预警等指导信息，为有关部门评估判断空气污染形势、及时采取应急措施提供技术参考，为公众提供健康指引，为大气污染联防提供技术支持。

区域预报信息包括24小时预报（次日00:00起连续24小时）和未来3天污染潜势（次日00:00起连续72小时），产品信息包括区域内城市空气质量级别和首要污染物。城市预报信息可比区域预报信息更丰富，由各地根据需要确定。

各地应根据自身情况，建立适合的预报方法，培养业务能力过硬的预报员队伍，建立预报员值班制度，对辖区环境空气质量变化趋势开展例行分析预报，预测可能出现的重度以上空气污染过程，组织联合会商，发布及向有关部门报送辖区预测信息。

各地根据监测实况对空气质量预报预警结果进行检验与评估，持续改

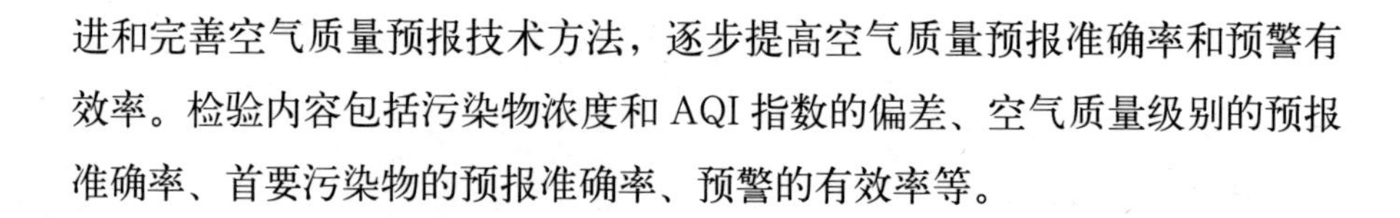

进和完善空气质量预报技术方法，逐步提高空气质量预报准确率和预警有效率。检验内容包括污染物浓度和 AQI 指数的偏差、空气质量级别的预报准确率、首要污染物的预报准确率、预警的有效率等。

## 第二节　预报员岗位设置及职责

### 一、预报员岗位设置

预报员按业务水平级别划分为高级预报员、预报员和实习预报员，按岗位划分为预报主班和预报副班。

### 二、预报员要求及岗位职责

空气质量实习预报员要求接受一定大气化学、大气物理、污染气象学等空气质量预报相关知识的学习，进行至少三个月预报专业基础培训、至少三个月的预报实习工作。

实习期满且通过考核具备基本环境空气质量预报能力的实习预报员，晋级为预报员。

具备一年及以上环境空气质量预报工作经验且对重度以上污染过程预报有效率达到较高水平的预报员，晋级为高级预报员。

预报员及实习预报员负责每天空气质量预报会商、预报发布和污染预警跟踪预判、预报回顾分析、辖区环境空气质量变化趋势的例行分析以及预报预警具体业务流程等相关工作的实施。

高级预报员要求可独立承担空气质量预报业务，包括每天空气质量预报会商、预报发布和污染预警跟踪预判、预报回顾分析、辖区环境空气质量变化趋势的例行分析以及预报预警具体业务流程等相关工作，主持预警会商、总结预报会商结论，并在预报员对预报判断有分歧时作技术裁定。高级预报员还需负责接受环境空气质量预报的新闻媒体采访。

在国家环境空气质量预报预警体系建设完成之前，预报员队伍可根据实际情况逐步配置。对于面对媒体接待及采访任务较多的单位可将此项业务重新进行合理分工。

各地更详细的岗位名称和职能划分可根据当地情况自行确定。以上海为例，按业务水平级别划分预报员，分为预报员、副首席预报员、首席预报员和首席服务官。预报员要求具备一定的大气化学和大气物理专业背景，接受过专门的预报培训，并至少进行一年的预报实习。首席（副首席）预报员需具备指导、带领预报团队能力，具备五年以上预报经验，业务表现优异的预报员经考核后晋升为首席（副首席）预报员。首席服务官需具备预报员资质及三年以上预报及丰富的媒体接待经验，负责接受环境空气质量预报的新闻媒体采访。

## 第三节　预报预警值班制度

### 一、一般要求

为了保证预报预警工作能够顺利开展，同时保证工作人员的身体健康，以维持预报预警工作的良性循环，各地应根据本单位的实际条件和具体情况制定适合的值班制度。

通常情况下，预报员分组轮流值班，每组应包括三人，其中例行预报值班两人，一人为主班，一人为副班；审核人一人。主班、副班、审核人的值班周期各为3天。例行值班时间为正常工作时间，应急技术支持加班时间根据上级领导的指示临时安排。

主班可为高级预报员或预报员，副班可为高级预报员、预报员或实习预报员，审核人须为高级预报员。通常情况下，上一期的副班为下一期的主班。如副班为实习预报员，下一期的主班由高级预报员或预报员担任，实习预报员继续担任副班。

为了保障预报团队稳定均衡发展、保障预报员健康工作、避免连续工作导致预报误差和保证应急状态下的机动预报员，各单位应配备至少四组值班预报员，预报员在连续值班两个周期后轮换倒休。

### 二、广州市环境监测中心现行值班制度

空气质量预报预警值班，分日常值班和重污染日值班。

日常值班：每班两人，一人为主班，一人为副班，实行主班负责制，首席预报员负责技术审核。

重污染日值班：当日常值班主班和首席预报员确认将出现重污染日，其他非值班预报员由首席预报员和主管领导安排协助值班预报员完成相应的数据分析工作，必要时作为轮值。

所有预报员都可作为主班，任务繁重时，主班可安排其他预报员协助完成。

为保障预报团队均衡发展，保障预报员有足够的时间进行预报业务学习，掌握预报系统应用，避免连续工作导致健康损害，必须保障足够数量的预报人员，同时，还要考虑保障应急预警下的机动预报员数量。

## 第四节　预报工作流程

主班和副班每天共同开展预报工作。主班完成空气质量预报分析和污染潜势预测，副班协助主班并记录工作模板。值班预报员发现数据接收故

障、数据异常应即时通知系统维护人员。

预报流程以区域预报为例，工作围绕模式产品（数值预报、统计预报、集合预报）开展，辅以客观订正，并根据各地实际经验和科研成果持续改进和更新。具体流程包括：

## 一、例行预报分析

分析主要污染物浓度、空间分布、影响程度和空气质量级别。关注污染源变化（包括节假日期间机动车辆的变化、烟花爆竹、沙尘暴、秸秆焚烧、城市大型点源排放变化等），分析主要反应性气体和一次及二次生成颗粒物组分（硫酸盐、硝酸盐、铵盐、有机碳、元素碳等）变化；根据环境空气质量实时监测网的主要污染物最新实测浓度变化情况，订正污染物浓度的增减量；根据大气条件（风向、风速、湿度、温度等影响大气扩散和传输或大气污染物生成速率的主要因素），订正污染物浓度的增减量及其空气质量级别。

## 二、预报会商

会商形式包括内部会商、部门会商和专家会商。通常进行内部会商；如有预警，根据各地规定自行实施部门间会商，必要时成立会商专家委员会进行专家会商。根据会商意见，确定空气质量预报结果。

## 三、发布预报信息

主班和副班在值班记录和预报信息报告上签字，经审核人审核签字后进入信息发送程序并存档。

## 四、日志记录

每天形成预报日志，记录各项指标数据。

### 五、预报效果回顾

定期回顾最近一段时间的预报效果，与实况比较，分析原因，总结经验，不断提高预报水平。

## 第五节　模式预报结果检验

模式预报结果检验是对一组模式预报结果及相对应时间段的监测结果给出定量关系和评价，用以对模式预报产品的优劣进行分析与评价，在此基础上采取必要的措施改进模式。

### 一、散布图（Henry, et al, 1989）

散布图是一种最简单的检验工具。对于想要检验的要素，如 $PM_{2.5}$、$PM_{10}$、CO 的日均值浓度或 AQI，一般是将这些要素点在一张图上，其横坐标和纵坐标分别是预报值和观测值，横坐标和纵坐标应有相同的单位。预报和观测完全吻合的情况由 45° 线上的所有点来表示。从散布图上能够估计出来的另一个检验度量，是平均误差或偏差。

### 二、可靠性图（Henry, et al, 1989）

可靠性图是一种为给出概率预报可靠性的图形解释而特别设计的一种检验工具。与散布图不同的是，可靠性图上的观测值仅仅只能取 1 或 0，即预报事件发生或者不发生。

在可靠性图中，可靠性用拟合的曲线与 45° 线的接近程度来表示。如果曲线在 45° 以下，则表示预报过高；在 45° 线以上则表示预报过低。

## 三、常用的检验指标（James, et al, 2006）

在环境、气象数值模式研究与业务应用领域中，用于 $PM_{2.5}$、CO 等数值预报效果进行评估的统计指标主要有相关系数（$R$）、均方根误差（RMSE）、平均偏差（MB）、平均误差（ME）、标准化分数偏差（MFB）、标准化分数误差（MFE）、标准化平均偏差（NMB）和标准化平均误差（NME），具体指标定义和计算公式见表 2-1。

表 2-1　模式预报结果检验各项指标定义

| 缩写 | 名称 | 定义 |
|---|---|---|
| $R$ | 相关系数 | $\dfrac{\sum_{i=1}^{N}(M_i-\overline{M})\times(O_i-\overline{O})}{\sqrt{\sum_{i=1}^{N}(M_i-\overline{M})^2\sum_{i=1}^{N}(O_i-\overline{O})^2}}$ |
| RMSE | 均方根误差 | $\sqrt{\frac{1}{N}\sum_{i=1}^{N}(M_i-O_i)^2}$ |
| MB | 平均偏差 | $\frac{1}{N}\sum_{i=1}^{N}(M_i-O_i)$ |
| ME | 平均误差 | $\frac{1}{N}\sum_{i=1}^{N}\lvert M_i-O_i\rvert$ |
| MFB | 标准化分数偏差 | $\frac{2}{N}\sum_{i=1}^{N}\frac{\lvert M_i-O_i\rvert}{(M_i+O_i)}\times100\%$ |
| MFE | 标准化分数误差 | $\frac{2}{N}\sum_{i=1}^{N}\frac{\lvert M_i-O_i\rvert}{(M_i+O_i)}\times100\%$ |
| NMB | 标准化平均偏差 | $\dfrac{\sum_{i=1}^{N}(M_i-O_i)}{\sum_{i=1}^{N}O_i}\times100\%$ |
| NME | 标准化平均误差 | $\dfrac{\sum_{i=1}^{N}\lvert M_i-O_i\rvert}{\sum_{i=1}^{N}O_i}\times100\%$ |

注：$M_i$ 指第 $i$ 天的预报值，$O_i$ 指第 $i$ 天的监测值。

其中，相关系数 $R$ 反映预报值和观测值时间变化趋势的相似程度，通过统计显著性检验即认为预报值和观测值具有相关性，$R>0$ 表示预报值与观测值正相关，$R<0$ 表示预报值与观测值负相关。也有研究使用 $R^2$ 反映预报值和观测值时间变化趋势的相似程度，忽略正相关或者负相关信息。

RMSE、MB 和 ME 三项指标浓度单位为 $\mu g/m^3$，使用时需要结合观测浓度大小进行评估。观测浓度大小接近时这三项指标的相对大小才能反映出预报效果的相对优劣，观测浓度差异较大时不能直接采用这三项指标的相对大小比较得出不同的预报效果。

NMB 和 NME 这两项标准化指标在评估模式预报效果时也较为常用，它们克服了上述三项指标在观测浓度差异较大时难以直接比较的缺点。

由于预报值和观测值均为非负数，MFB 和 MFE 数值的变化范围分别为（−100%，∞）和（0，∞）。NMB 在预报值低估时的数值大小与高估时并不完全对称，例如预报值仅为观测值的 1/2 时 NMB 等于 −50%，但预报值为观测值的两倍时 NMB 等于 200%。同样，NME 也存在类似的问题。

有研究认为 MFB 和 MFE 这两项指标更适用于评估颗粒物的模式预报效果。一方面，MFB 和 MFE 数值的变化范围均为（−200%，200%），预报值高估和低估时对称，克服了 MFB 和 MFE 的上述缺点；另一方面，考虑到不同原理的观测仪器的观测值存在差异，并且单站点的观测值的代表性与模式网格平均的预报值的代表性不完全一致，MFB 和 MFE 指标采用观测值和预报值的平均值作为效果评估的参考目标，而其他统计指标均仅以观测值作为评估效果的参考目标，并未考虑观测值本身的不确定性。

## 第六节　业务预报评分方法

为规范环境空气质量预报工作，促进预报能力和水平的提高，需要对空气质量预报结果进行评价与考核。以上海市为例，介绍预报各项指标的评分方法与综合评分统计方法。

## 一、各项指标评分方法

### 1. $f_1$（首要污染物正确分）

（1）仅在实况为非优级的情况下对首要污染物的准确性进行评价；

（2）如果预报首要污染物和实况完全相同，得 100 分；

（3）如果预报首要污染物和实况完全不同，得 0 分；

（4）如果预报出现 2 个或以上首要污染物，实况首要污染物为其中一项，得分为 $f_1=100\times1\ /\ N_{预报}$（$N_{预报}$为预报污染物个数）；

（5）如果实况出现 2 个或以上首要污染物，预报为其中一项，得 100 分；

（6）如果预报和实况的首要污染物分别为 $O_3$—1 小时和 $O_3$—8 小时，作为预报准确处理，得 100 分。

### 2. $f_2$（级别准确分）

（1）级别准确性的考核适用于所有时段；

（2）级别准确性的评价分为完全准确、级别准确、跨级准确和不准确 4 类，对应得分分别为 100 分、80 分、60 分、0 分；

（3）完全准确：预报值 ±10 个点（或 ±10%）与实况相符；

（4）级别准确：预报不跨级且级别与实况相符（如预报值为 80，良，实况值为 65，良）；

（5）跨级准确：预报跨级且级别与实况相符（如预报值为 45，优到良，实况值为 95，良）；

（6）不准确：预报级别与实况完全不同（如预报值为 45，优到良，实况值为 115，轻度污染）。

### 3. $f_3$（首要污染物 *i*AQI 精度）

首要污染物 *i*AQI 精度根据预报值与实况值之间的差别计算得到，如果差别过大出现得分为负数的情况，则以 0 分代替，具体计算公式如下：

$$f_3=\max(1-\frac{|预报值_{首要}-实况_{首要}|}{实况_{首要}},0)\times 100$$

4. $f_4$（其他污染物 *i*AQI 精度）

其他污染物的 *i*AQI 精度计算方法与首要污染物一致，计算公式如下：

$$H_i=\max(1-\frac{|预报值_i-实况_i|}{实况_i},0)\times 100$$

式中，$i$ 为纳入评价范围且除了首要污染物以外的各项污染物。而 $f_4$ 的得分为所有 $H_i$ 的平均值。

5. $f_0$（污染预报加分项）

当实况出现轻度及以上污染时，进行 AQI 附加分（$f_0$）评定，并加入各段的总评分。实况和预报等级对应得分（$f_0$）见表 2-2。

**表 2-2　AQI 各等级实况和预报得分表**

| 预报 / 实况 | 优良 | 轻度 | 中度 | 重度 | 严重 |
|---|---|---|---|---|---|
| 优良 | 0 | −1 | −3 | −6 | −10 |
| 轻度 | −1 | 2 | 0 | −2 | −5 |
| 中度 | −3 | 0 | 5 | 0 | −2 |
| 重度 | −6 | −2 | 0 | 10 | 2 |
| 严重 | −10 | −5 | −2 | 2 | 20 |

注：跨级预报准确作为级别准确处理（如预报值为 95，良到轻度污染，实况值为 135，轻度污染，则 $f_0$ 得分为 2 分）。

## 二、综合评分统计方法

1. 当实况各指标均为优等级时

$$F=0.3\times f_1+0.7\times f_4+f_0$$

式中，$f_1$ 为级别正确性评分；$f_4$ 为所有参与考核指标的精度评分的平均；$f_0$ 为污染附加分。

2. 当实况首要污染物为 1 种时

$$F=0.1\times f_1+0.2\times f_2+0.3\times f_3+0.4\times f_4+f_0$$

式中：$f_1$ 为首要污染物正确性评分；$f_2$ 为级别准确性评分；$f_3$ 为首要污染物（以实况为准）*i*AQI 精度评分；$f_4$ 为其他指标的 *i*AQI 精度评分的平均；$f_0$ 为污染附加分。

3. 当实况首要污染物为 2 种及以上时

$$F=0.1\times f_1+0.2\times f_2+0.6\times f_3+0.1\times f_4+f_0$$

式中：$f_1$ 为首要污染物正确性评分；$f_2$ 为级别准确性评分；$f_3$ 为首要污染物（以实况为准）*i*AQI 精度评分；$f_4$ 为其他指标的 *i*AQI 精度评分的平均；$f_0$ 为污染附加分。

## 第七节　预报业务作业平台

预报业务作业平台是空气质量预报预警业务系统最主要的技术支撑，基于数值分析预报系统产生的各种产品以及各种观测的数据，通过各级专家和预报员分析未来污染情况、未来污染走势、重污染情况的成因等。以数值模式预报为例，业务作业平台可由数据采集、预报服务管理、气象数据展示、污染物数据分析、预报审批、预报业务分析、源解析与追踪分析和系统管理等多个模块组成。

### 一、预报业务作业平台结构

1. 标准规范

根据国家环境保护相关法律法规，依据环境空气质量标准和 AQI 技术规范规定的环境空气质量指数的分级方案、计算方法和环境空气质量级别与类别，以及空气质量指数日报和实时报的发布内容、发布格式和其他相关要求，为系统开发和扩展提供标准依据。

2. 数据库层

通过后台处理程序获取的模式计算结果数据、气象数据、监测数据为预报业务系统提供数据支撑。

3. 数据接口服务

通过数据获取与处理模块，定时获取气象要素数据、污染物监测数据和数值预报模式结果数据，对其进行检查、解析并按应用需要统一入库。对处理异常情况进行记录，并在下次调用时再次获取。

4. 业务应用层

基于数据库中的模式数据、气象数据和监测数据进行空气质量预报，对形成的预报方案通过工作流程进行审批流转、打印导出和对外发布全程自动完成空气质量预报，并通过记录预报的结果与气象特征、污染物特征和发生偏差的规律，并存在业务系统知识库供以后空气质量分析使用。同时业务系统提供完整的用户管理、服务器管理和预报日志管理。

## 二、预报业务作业平台功能

作业平台应具备数据采集、气象数据展示、污染物数据分析、预报业务分析等专业空气质量预报模块以及必要的预报服务管理功能。

1. 数据采集

数据采集可包括定时获取气象监测数据、污染物监测数据和模式数据等。

（1）气象监测数据

将各类分散气象监测数据，根据设置的数据格式对数据进行检查，通过检查的数据按照统一的数据关系进行入库。在采集过程中对异常中断进行全面记录，待下一个采集周期进行二次采集，保证数据采集的完整性。

（2）污染物监测数据

按照第三方提供的接口规范，定时采集各种污染的实时数据，并写入预报系统数据库中，并在指定时间根据 AQI 规范通过采集的小时监测值生

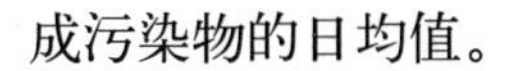

成污染物的日均值。

（3）模式数据

采集多种模式数据，分为文本数据和图片数据。文本数据通过相应规则解析，将各种要素分别入库到空间库和业务库中。文本数据可按照区域污染形势图，颗粒物组分图，预报效果评估，$PM_{2.5}$垂直廓线图，站点气象预报图，站点污染预报图，区域天气形势图，区域污染形势图进行分类采集并保存。

**2. 预报服务管理**

服务管理可包括每日简报、模式预报、城市 AQI 分指数、模式与监测数据对比和预报会商等多个模块。

（1）每日简报

预报内容包括污染等级、首要污染物和城市污染级别，通过不同颜色文字展示。

（2）模式预报

展示不同污染物的运动轨迹，可以选择单个污染物名称、展示日期和模式类型进行查看。

（3）城市 AQI 分指数

选定城市各站点，污染物种类统计各污染物分指数。

（4）模式与监测数据对比

选定站点、污染物名称，查看模式数据和监测数据的曲线走势，直观展示预报和实际数据的比对情况。

（5）预报分析

通常查看相关气象数据、监测数据和模式数据后，各个预报员均可以在预报模块里添加空气质量预报信息，对区域里的城市进行预报，每选择一个城市，在界面下方的明细表中会显示该城市预报数据，包括污染物浓度、首要污染物和污染级别。

**3. 气象数据展示**

气象数据可包括天气预报图、站点气象要素预报、气象站点监测数据、卫星与探空图和外部天气图等多个模块。

（1）天气预报图

根据选择的日期、气象要素名称、不同高度，查看整个天气情况，为预报提供气象支持。

（2）站点气象要素预报

根据日期和站点名称查看对应站点各气象要素的趋势。

（3）气象站点监测数据

选择站点名称、日期和持续时间展示气象数据走向，包括温度、风力风向、累计一小时降水量、相对湿度的现状统计图。

（4）卫星与探空图

根据时间和图片类型，可包括卫星影像图、卫星云图、探空图，展示区域范围内的气象图片信息等。

（5）外部天气图

提供根据时间查询外包气象态势图，可以通过播放动画直接展现天气变化情况。

### 4. 污染物数据分析

污染物数据分析可包括浓度分布预报图、站点预报、模式组分析、垂直廓线预报图、实时监测、提供站点污染物后向轨迹分析显示等。

（1）浓度分布预报图

根据时间、污染物种类、模式类型和地面高度，展示污染物的分布情况，同时还提供动画播放功能。

（2）站点预报

根据选择的时间、站点名称展示该站点主要污染物的未来走势。

（3）模式组分析

根据选择时间和站点名称展示污染物组成及各成分所占比例。

（4）垂直廓线预报图

根据选择不同站点和时间起点，预报该站点 $PM_{2.5}$ 浓度在不同高度下的分布情况，同时把相关的气象要素如风力风向和温度在图片中一并展示，

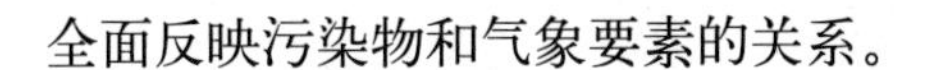

全面反映污染物和气象要素的关系。

（5）实时监测

根据选择时间、站点名称、污染物种类和展示时间范围，展示当前站点相应污染物实时数据变化情况，直观地体现站点污染物的走势。

（6）提供站点污染物后向轨迹分析显示

根据用户选择站点、污染物和时间段，展现不同高度925hPa、850hPa和700hPa气团后向轨迹图。

**5. 预报审批**

预报员在预报会商环节填写的预报信息提交后，值班预报员开始填写各个城市正式预报信息，完成后发给相关主管领导审批，审批完成后值班预报员通过各种方式对外发布相关城市空气质量预报信息。

**6. 预报业务分析**

系统可包括基础的业务分析功能，如多模式预报与监测数据的比对，预报准确性统计等。

（1）多种模式结果与监测数据比对

1）基于时间的对比

日对比：用户选择监测站点或监测站点类别（国控点、省控点和市控点）、比对模式和比对时间、污染物（可选择全部），以小时为单位，将当天各种模式计算结果和监测数据按不同污染物形成对比图（一种污染物一张图）。

周对比：用户选择监测站点或监测站点类别（国控点、省控点和市控点）、比对模式和比对周、污染物（可选择全部），以天为单位，将该周各种模式计算结果和监测数据按不同污染物形成对比图。

月对比：用户选择监测站点或监测站点类别（国控点、省控点和市控点）、比对模式和比对月份，污染物（可选择全部），以天为单位，将当月各种模式计算结果与监测数据按不同污染物形成对比图。

2）对比分析

根据基于时间和污染物的对比，分析各模式预报结果发生偏差的规律

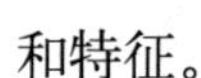



和特征。

平台提供对比分析输入界面，包括对比气象特征、污染物特征和发生偏差的规律和特征，并保存于平台知识库。

（2）预报工作分析

预报员根据天气数据图、周边污染物情况、模式预报结果与监测数据对比、统计预报结果与监测数据对比、预报结果与监测数据对比等信息，分析预报误差的原因，并写成当前因素下（天气要素、污染物）各种方法预报特点和减少误差的方法和经验。

在此功能下，平台提供相应对比、天气和周边污染物情况查询，并自动产生相关数据，提供预报员填入分析结果，并存档作为预报经验。

（3）预报准确性统计

提供按时间和按预报员的预报准确性统计功能，支持导出或打印。

**7. 源解析与追踪分析**

对于区域和污染情况复杂的省市预报平台，系统可具备区域、行业源解析分析功能。

（1）区域源解析

1）区域源解析设置

区域源解析需要定义区域解析的区域设置。根据区域源解析要求，允许用户添加、删除和修改多种区域设置。区域设置包括源解析区域名称、区域 ID 和区域范围。

2）区域源解析输入

在设置好区域源解析后，用户输入需要解析的时间段以及源解析区域名称，将请求提交给模式平台进行计算。

3）区域源解析结果分析

当计算完成后，操作人员可以通过平台查看分析结果。

（2）行业源解析

1）行业设置

行业源解析需要行业对排放源进行分类。平台默认提供电厂、冶金行业、化工行业、建材行业、20t以上采暖锅炉、20t以下采暖锅炉、居民生活面源（平房区居民的采暖与炊事用小煤炉）及移动源、扬尘源排放等九类不同排放类型行业。

平台允许用户添加、删除和修改行业分类，但排放清单也必须是按此分类进行才能准确计算。

2）行业源解析输入

在行业设置和相应排放清单按行业进行分类完成后，用户输入需要解析的时间段后，平台将请求提交给模式系统进行计算。

3）行业源解析结果分析

当计算完成后，操作人员可以通过平台查看分析结果。

### 8. 系统管理

预报业务作业平台应包括基础的系统管理功能，如用户管理、日志管理、系统配置和系统维护等。

（1）用户管理

用户的管理包括：增加用户、删除用户、修改用户信息和查询用户等。

（2）日志管理

系统日志查询可以按条件查询系统操作日志信息。用户可输入查询条件执行查询，对日志查询结果，可以导出，可对日志进行统计、分析。

（3）系统配置

系统可提供对业务会商各种可调整参数进行配置和修改。包括污染站点信息、城市信息、发布模板、发布单位、系统字典等。

（4）系统维护

1）系统监控

系统提供对计算环境（高性能计算环境）和应用环境（数据库、WWW及应用服务系统）的运行情况监控。

2）系统告警

当系统出现故障时，将通过值班预报员登录界面和邮件方式进行告警。为值班预报员和系统管理员提供系统告警查询功能。

3）数据备份与恢复

系统提供数据的自动定时和手工备份功能并提供从备份数据导入系统进行恢复功能。

9. 系统运行环境

为保障预报业务作业平台的正常运行，应提供必要的硬件和软件环境，如数据、应用服务器、客户端计算机以及相应的操作系统软件。

10. 会商系统

会商系统是空气质量预报预警业务系统的一个重要环节。它基于分析预报产生的各种产品、数据，通过语音、视频系统开展内部会商、部门会商和专家会商，分析未来污染情况、成因。会商系统可包括专业会议扩声、中央控制、大屏幕投影显示和远程视频会议等系统。

国家和区域的会商系统将根据国家统一安排进行布设，各省市会商系统可根据实际需要，依照国家通讯接口规范先行建设。

## 参考文献

[1] Henry R. Stanski，Laurence J. Wilson，William R. Burrows. 气象学中常用检验方法概述，1989. WMO/TD NO.358,WWW技术报告No.8.

[2] 环境空气质量预报预警业务工作指南（暂行）.

[3] James W. Boylan，Armistead G. Russell. PM and light extinction model performance metrics，goals，and criteria for three-dimensional air quality models. Atmospheric Environment，2006，40：4946-4959.

# 第三章　环境空气质量统计预报技术方法

## 第一节　统计预报方法概述

### 一、统计预报发展历程

目前国际上空气质量预报的方法有两种，一种是以统计学方法为基础，利用现有数据，基于统计分析，研究大气环境的变化规律，建立大气污染浓度与气象参数间的统计预报模型，预测大气污染物浓度，称为统计预报；另一种则是以大气动力学理论为基础，基于对大气物理和化学过程的理解，建立大气污染浓度在空气中的输送扩散数值模型，借助计算机来预报大气污染物浓度在空气中的动态分布，称为数值预报。

国外从 20 世纪 50 年代就开始了城市空气污染预报理论和方法的研究。从 60 年代开始，美国、英国、日本、荷兰、前苏联、新加坡等国家相继开展空气污染预报，当时大都采用污染潜势预报进行定性分析，例如美国开展的空气污染潜势预报和日本建立的污染源扩散预报。80 年代后，国际上开始致力于定量的空气污染预报，包括统计预报和数值预报。其中韩国、墨西哥等国家及我国的香港、台湾地区主要采用统计预报模式，美国、荷兰和日本等则发展了数值预报方法（任万辉等，2010；孙晓梅，2001）。

从 1973 年第一次全国环保工作会议开始，科研人员陆续在大气扩散模式、污染气象学、污染气象参数与污染物浓度之间的关系以及空气污染预报等方面进行了研究，并先后在北京、沈阳、兰州、重庆、长沙和太原等城市初步开展了以 $SO_2$ 为主的城市空气污染试验预测和预报研究工作。2001 年 6 月，中国环境监测总站组织 47 个重点城市向公众发布空气质量预报，且基本采用统计方法进行 API 预报（赵国君，2004；赵仲莲等；2006）。目前，在《大气污染防治行动计划》和《环境空气质量标准》（GB 3095—2012）的实施要求下，很多城市在原有 API 统计预报的基础上研发建立起 AQI 的统计预报体系。

## 二、统计预报方法原理

统计预报是指利用空气质量和气象参数等历史观测资料建立大气污染物浓度与气象条件或非气象条件间的相关性、趋势性、延续性等统计关系，建立拟合方程或统计模型，从而外推得到对未来空气质量的预报结果。统计预报方法是环境空气质量预报的主要方法之一，在城市空气质量预报方面具有广泛应用。

影响环境空气质量变化的主要因素有污染源排放和气象条件两大类。受季节变化、经济发展和社会活动等因素影响，污染源排放通常具有一定的时间特性，但其时空特征十分复杂，难以掌握全面真实的污染源排放分布。但在一定时期内，污染物排放量相对稳定，而气象条件对污染物浓度短期变化的影响更为显著，因此基于空气质量和气象参数历史观测数据的统计预报方法，往往忽略污染源排放变化的影响，主要考虑未来天气形势和气象条件等因素对空气质量变化趋势的影响程度。

统计预报方法建立的基础是足够量的空气质量和气象参数历史观测数据，一般应至少具备 1 年的历史观测资料。其中，空气质量观测数据指 $SO_2$、$NO_2$、$PM_{10}$、$PM_{2.5}$、CO 和 $O_3$ 等大气污染物浓度监测结果，气象条件指风速、风向、温度、相对湿度、压力和降水等气象参数，非气象条件指季节、工作日和周末、节假日等参数。

## 三、统计预报方法特点

空气质量统计预报方法建立在污染物浓度变化主要受气象等因素影响的假设条件下，无需掌握污染源排放状况。相对来说，统计预报方法运算量少、易于操作、简单实用、经济高效。但统计预报的时间精度、时间长度和空间尺度上均有局限性。统计预报一般适用于日均值的预报，不适用逐小时及更精细预报；短期的预报效果较佳，超过一定时段后预报准确度明显下降；一个统计预报模型通常只针对单个或少数的监测点位或城市，难以预报由点到面、由局部到整体的污染物浓度变化情况。同时，基于历史观测数据统计分析的统计预报方法，难以捕捉到污染物的极端浓度，容易低估大气重污染过程。

在使用统计方法进行空气质量预报时，应建立统计模式的动态更新机制，根据前期预报效果评估获得的误差结果，及时对统计模式的输入参数、权重因子等条件进行修订完善；为了克服统计预报模型在污染源发生变化或天气类型发生变化时产生较大误差，在实际预报中，采取每天增加新的污染物监测资料和气象资料，建立最新的模型并进行预报，即动态统计预报方法。同时，多种统计预报方法或统计预报与数值预报等可结合使用，查漏补缺，取长补短，可有效提高预报的适用性和准确率。

目前，国内外常用的空气质量统计预报方法包括回归方程法、天气形势分类法、神经网络法、趋势外推法和决策树法等。

## 四、统计预报方法适用性

统计预报具有相对简单易行的特点，适用于污染情况较为单一或污染规律性明显的城市。统计预报的适用性可结合经费支持和建模时间需求，从计算机资源配置和历史数据基础等方面统筹考虑。

### 1. 计算机资源配置

统计预报模式根据模式的复杂程度和运算量大小，可适当配置计算机资源，通常对计算机资源配置的要求相对低于数值预报模式。

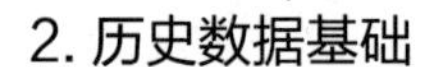

#### 2. 历史数据基础

统计预报一般基于空气质量和气象参数等历史观测资料之间建立的统计关系进行空气质量预报，通常需要至少一年完整周期的空气质量和气象参数等历史观测数据作为基础资料，因此对以上数据的完整性和持续性要求较高。通常相对简单的统计预报不涉及污染源排放数据，无需建立本区域的污染源清单。因此，统计预报方法适用于缺乏翔实的污染源清单数据，同时具备完整、长期的空气质量和气象参数观测数据的城市或地区。复杂的统计预报模式还需考虑污染源排放统计规律，这种类型的统计模式还需开展一定的污染源影响统计调查。

## 第二节　多元线性回归方程法

### 一、方法原理

通常难以寻找与污染物浓度预报值线性关系显著的单个参数，污染物浓度的变化与多个气象或非气象参数有关，因而统计预报中的回归分析一般采用多元线性回归法，即从气象条件和非气象条件中筛选出对大气污染物浓度变化具有显著影响的若干关键参数，通过统计分析得到多元线性回归方程，以此回归方程为依据进行外推计算，从而获得未来某项大气污染物浓度的预报结果。通常当气象条件有利于污染物扩散时，大气污染物浓度降低，反之则浓度升高。

### 二、预报点位和关键参数的筛选

筛选出若干关键点位和参数是多元线性回归方程建立的前提。通过对空气质量和气象条件历史观测数据的统计分析，寻找对大气污染物浓度变化影响显著的关键点位以及气象和非气象关键参数。

关键点位的选择需充分考虑点位的代表性，在具有类似功能、反映相似空气质量状况的若干点位中，选出适量的、具有普遍代表性的关键点位，以免重复计算。例如在城市范围内，点位的设置一般以人口密度和空气质量的平均水平为依据进行设置，点位的功能类似，从中选取一部分代表性点位即可。

由于气候条件、地形、人口数量、污染物本底浓度等差异，不同地区关键参数有所不同。在筛选关键参数时，各地应紧密结合本地特定的大气污染物浓度与气象等条件之间的规律性关系，选取若干关键参数列入多元线性回归方程中。同时，在回归方程应用一段时间后，根据预报评估效果，判断导致预报偏差的影响参数，对参数适时进行优化或补充，例如增加工作日和周末这一参数。线性回归方程中的关键参数不宜过多。

以沈阳市环境监测中心站多元回归统计预报方法为例，以 8 个监测站点的历史观测数据为基础，一年四季共选取 16 个关键参数，包括气象参数和非气象参数，具体如下。

$X_1$：当日最低气温（℃）；

$X_2$：当日相对湿度（%）；

$X_3$：当日降水量（mm）；

$X_4$：当日平均气温（℃）；

$X_5$：当日主导风向；

$X_6$：当日平均风速（m/s）；

$X_7$：当日最大风速（m/s）；

$X_8$：当日云量；

$X_9$：当日 08 时气温（℃）；

$X_{10}$：当日 08 时 24 小时变温（℃）；

$X_{11}$：当日 08 时 24 小时变压（hPa）；

$X_{12}$：当日 24 小时变湿（%）；

$X_{13}$：当日 08 时气温与 850hPa 温度差（℃）；

$X_{14}$：当日日较差（℃）；

$X_{15}$：当日 08 时温度露点差（℃）；

$X_{16}$：前 24 小时污染物浓度均值（$mg/m^3$）。

## 三、回归方程的建立

多元线性回归方程的建立一般采用逐步回归算法。逐步回归算法是在所有考虑的参数中，按其对因变量 $Y$（大气污染物预报浓度）影响的显著程度的大小，由大到小逐个引进回归方程。若已被引进回归方程的参数，在引进新参数后，可能会由显著变为不显著，此时需将其从回归方程中剔除，以保证在众多预报参数中挑选出最佳的关键参数组合，建立最优预报方程。预报浓度 $Y$ 与预报关键参数 $X$ 建立的最优回归方程格式如下：

$$Y=B_0+B_1X_1+B_2X_2+\cdots+B_nX_n$$

式中，$Y$ 为污染物预报浓度；$B_0$ 为常数项；$X_1$、$X_2$、…、$X_n$ 为预报关键参数；$B_1$、$B_2$、…、$B_n$ 为关键参数的系数。

在沈阳市环境监测中心多年空气污染指数（API）的统计预报中，根据沈阳市气候特点，分别利用 3 月至 5 月、6 月至 8 月、9 月至 11 月和 12 月至次年 2 月建立春、夏、秋、冬四季预报方程，其业务预报所使用的回归方程预报模式中包括 8 个监测子站、4 个季节、3 种污染物的共 96 个预报方程。

## 四、多元线性回归法预报实例

以沈阳市环境监测中心站多元线性回归方程法 API 预报为例，根据大气自动监测子站的 $PM_{10}$、$SO_2$ 和 $NO_2$ 日均值监测资料及同期气象资料，用逐步回归算法建立了 96 个预报方程，取 $\alpha=0.01$ 显著水平的 $F$ 值对方程进行检验，所有方程计算出的 $F_{方程}>>F_{0.01}$，表明方程在 0.01 水平上显著，方程可以使用。每个预报方程选取的预报参数各不相同，在初选的 16 个参数中除了 $X_9$、$X_{10}$ 和 $X_{11}$ 外，保留了其余的 13 个参数，见表 3–1。

春季预报方程共选取了 7 个预报关键参数，其中 $PM_{10}$ 预报方程包括

$X_3$、$X_6$、$X_{14}$和$X_{16}$ 等 4 个预报参数，$B_3$为负值，说明降水量越大，$PM_{10}$浓度越低；$B_6$、$B_{14}$ 和$B_{16}$为正值，表明平均风速、日较差和前 24 小时污染物浓度均值越大，$PM_{10}$浓度越高。风速大，$PM_{10}$浓度高，反映了春季沙尘天气污染特点。

**表 3-1　春季预报方程系数表**

| $Y$ | 点位 | $B_0$ | $B_1$ | $B_3$ | $B_4$ | $B_6$ | $B_{13}$ | $B_{14}$ | $B_{16}$ |
|---|---|---|---|---|---|---|---|---|---|
| $PM_{10}$ | 二毛 | −0.010 3 | | −0.005 1 | — | 0.030 9 | — | 0.005 6 | 0.191 5 |
| | 太原街 | 0.078 4 | — | −0.006 9 | — | 0.017 2 | — | — | 0.346 9 |
| | 小河沿 | 0.007 9 | — | −0.006 1 | — | 0.024 6 | — | 0.005 5 | 0.226 2 |
| | 文艺路 | 0.008 0 | — | −0.004 8 | — | 0.023 2 | — | 0.005 3 | 0.286 1 |
| | 北陵 | −0.002 0 | — | −0.005 7 | — | 0.018 8 | — | 0.004 5 | 0.446 2 |
| | 炮校 | −0.001 4 | — | −0.004 0 | — | 0.013 2 | — | 0.003 2 | 0.312 3 |
| | 张士 | −0.001 6 | — | −0.004 6 | — | 0.015 0 | — | 0.003 6 | 0.357 0 |
| | 东软 | −0.001 8 | — | −0.005 1 | — | 0.016 9 | — | 0.004 1 | 0.401 6 |
| $SO_2$ | 二毛 | 0.056 3 | −0.001 0 | −0.001 4 | — | −0.007 1 | — | — | 0.471 7 |
| | 太原街 | 0.045 6 | — | −0.001 5 | — | −0.005 0 | — | — | 0.453 8 |
| | 小河沿 | 0.026 2 | — | −0.001 6 | −0.000 7 | −0.004 1 | — | — | 0.509 1 |
| | 文艺路 | 0.034 0 | — | −0.001 6 | −0.001 1 | −0.005 0 | — | — | 0.422 5 |
| | 北陵 | 0.049 0 | — | — | — | −0.007 0 | — | — | 0.381 5 |
| | 炮校 | 0.034 3 | — | — | — | −0.004 9 | — | — | 0.267 1 |
| | 张士 | 0.039 2 | — | — | — | −0.005 6 | — | — | 0.305 2 |
| | 东软 | 0.044 1 | — | — | — | −0.006 3 | — | — | 0.343 4 |
| $NO_2$ | 二毛 | 0.017 5 | — | — | — | −0.003 9 | — | 0.001 1 | 0.619 7 |
| | 太原街 | 0.036 3 | — | — | — | −0.005 4 | — | — | 0.677 9 |
| | 小河沿 | 0.034 8 | — | — | — | −0.004 3 | — | — | 0.599 4 |
| | 文艺路 | 0.036 5 | — | — | — | −0.004 4 | — | — | 0.445 3 |
| | 北陵 | 0.065 0 | — | — | — | −0.005 8 | −0.002 5 | — | 0.395 9 |
| | 炮校 | 0.045 5 | — | — | — | −0.004 1 | −0.001 8 | — | 0.277 1 |
| | 张士 | 0.052 0 | — | — | — | −0.004 6 | −0.002 0 | — | 0.316 7 |
| | 东软 | 0.058 5 | — | — | — | −0.005 2 | −0.002 3 | — | 0.356 3 |

$SO_2$ 方程共选取 5 个预报关键参数，多数方程都选择了 $X_3$、$X_6$ 和 $X_{16}$，其中 $B_3$ 和 $B_6$ 为负值，$B_{16}$ 为正值，说明降水量大，平均风速大，空气中 $SO_2$ 浓度低；前 24 小时污染物浓度均值高，$SO_2$ 浓度也高。

$NO_2$ 方程共选取 4 个预报关键参数，所有预报方程都选入了 $X_6$ 和 $X_{16}$ 参数，少数方程还选入了 $X_{13}$ 和 $X_{14}$，$B_6$ 为负值，$B_{16}$ 为正值。

## 五、预报准确率评估和修正

通常采用两种方式评估统计预报的准确率。第一种为级别预报准确率，即预报级别与实测污染物浓度级别一致为正确，否则为错误；第二种为污染物浓度预报范围准确率，即污染物实测浓度值在发布的污染物预报浓度范围内为正确，否则为错误。计算方法如下：

### 1. 级别准确率计算公式

$$R=\frac{N}{M}\times 100\%$$

式中，$R$ 为级别准确率；$N$ 为 API 预报级别与实测值级别一致的天数；$M$ 为统计的总天数。

### 2. 污染物浓度预报范围准确率计算公式

$$R=\frac{N}{M}\times 100\%$$

式中，$R$ 为污染物浓度预报范围准确率；$N$ 为实测 API 落入浓度预报范围（跨度为 20）的天数；$M$ 为统计的总天数。

2012 年预报级别准确率统计见表 3-2。

**表 3-2　2012 年预报级别准确率统计表**

| 污染物 | 春季 /% | 夏季 /% | 秋季 /% | 冬季 /% | 年度 /% |
|---|---|---|---|---|---|
| $PM_{10}$ | 71.4 | 65.2 | 75.8 | 58.8 | 67.9 |
| $SO_2$ | 64.8 | 100 | 87.9 | 63.7 | 79.5 |
| $NO_2$ | 98.9 | 100 | 100 | 98.4 | 99.5 |

由于多元线性回归方法本身的限制，统计预报模式输出的预报结果接近建模使用的污染物浓度平均水平，建议使用最新观测资料及时修正预报方程。同时，通过总结各季节出现高浓度和低浓度的天气形势对预报方程输出的结果进行修正，可提高预报准确率（刘从容等，2006）。

## 第三节　天气形势分类法

天气形势分类法通过统计历史资料中各天气形势下不同污染物平均浓度，以此来确定高浓度天气形势和低浓度天气形势，同时统计各天气形势下污染物浓度的比值，利用该比值和前一天污染物实际浓度得出预报结果。天气形势分类预报法的实用性强，既可制作未来 24 小时定量预报，还可以通过下载美国国家环境预报中心发布的天气预报资料来制作未来 3 ~ 5 天的环境空气质量趋势预报。

### 一、方法原理

在一定时期内，视污染源排放为“准定常”量，空气中污染物浓度变化主要由气象条件决定，而气象条件变化的根本原因在于不同天气形势的转变。在同种天气形势下，气象条件基本相同，反之则气象条件差别很大。以我国东北地区为例，在低压前部时，地面吹南风，气温上升，低空有辐合气流，大气扩散条件差，污染物浓度高；在高压前部时，地面吹北风，温度下降，低空有辐散气流，污染物浓度低。根据这一原理，统计各天气形势下污染物的平均浓度，确定重污染天气形势和轻污染天气形势，将天气形势依次分为若干种类型；同时统计各天气形势下污染物浓度的比值，该比值作为不同天气形势之间转变时污染物浓度的转换系数。在每日业务预报中，利用前一天污染物实际浓度和天气形势转变时对应的浓度转换系数得出未来空气质量预报结果。

## 二、天气形势法在极值预报中的应用经验

沈阳市环境监测中心站以其多年的 API 预报经验为基础开发的天气形势分类法能够同时做到空气质量定性预报和定量预报，是其每日业务预报中最实用且准确率较高的一种预报方法。

由于天气形势的浓度转换系数是由各天气形势下的污染物平均浓度计算得出的，它反映各种天气形势对污染物平均的影响水平，对极值预报，如 $PM_{10}$ 浓度低于 50 μg/m$^3$ 的优级天和浓度高于 150 μg/m$^3$ 的轻微以上污染天的预报还需考虑其他条件以确定最终预报结果。

预报空气质量为优级水平时考虑以下三种情况：

（1）出现在连续降水天气的后期。降水持续数小时后，污染物浓度明显下降，特别是降水量较大时，这种情况更加明显，随着降水的持续，空气中污染物的浓度越来越低并维持在低浓度范围内。

（2）当天环境空气中污染物浓度较低，第二天处于强冷空气内，地面天气形势为高压前部，北风较大并且有明显的降温，大气扩散条件好，预报为优级。

（3）在冷涡天气时，高空与地面气温相差较大，大气垂直扩散条件好，当处于冷涡内部或后部有降水出现后，地面吹北风时，预报为优级。

预报空气质量为轻微污染以上水平时，同样需要考虑三种情况：

（1）500hPa 和 850hPa 处于暖脊内，850hPa 温度在 15℃以上，地面为辐合区、均压区、高压后等重污染形势中，且前期污染物浓度较高或有逐渐增高趋势时，空气质量预报为轻度或轻微污染。

（2）当副热带高压控制时，风速小，且高温高湿，最高温度在 30℃以上，大气相对湿度高于 65% 时，预报为轻微污染。

（3）高空为暖脊，地面处于低压倒槽顶弱梯度内，未出现降水前期，地面吹偏东风，大气相对湿度大，污染物本底浓度较高时，预报为轻微污染。

## 三、天气形势及出现频率统计实例

沈阳市环境监测中心站根据对本地多年天气形势对空气质量的影响分析，根据天气实况资料图等显示的高压低压系统位置、地面风向、风速等将地面天气形势划分为12种，分别对应具有不同特点的天气形势类型。表3–3和表3–4分别显示了沈阳市2003年和2004年6—8月12种天气形势的分类及其由高到低依次出现的频率。

**表3–3　沈阳市2003—2004年天气形势分类表**

| 序号 | 名　称 | 特　点 |
| --- | --- | --- |
| 1 | 低压后 | 处于低压闭合等压线后部，地面吹北风，850hPa有冷平流 |
| 2 | 低压前 | 位于低压闭合等压线前部控制，地面吹南风，850hPa有暖平流 |
| 3 | 低压内 | 位于低压闭合等压线内，地面吹南风或北风，850hPa处于锋区上，多数有降水出现 |
| 4 | 低压顶部 | 主要指受低压倒槽顶前部影响，地面吹偏东风，850hPa处于暖区内 |
| 5 | 低压底部 | 位于低压闭合等压线外底部区域，地面吹偏西风 |
| 6 | 高压前部弱梯度 | 处于大陆冷高压前部，主体冷空气在贝加尔湖西北部，风速小，风向为北风或偏东风不定 |
| 7 | 高压前部 | 处于大陆冷高压前部，地面吹北风，风速大，850hPa有冷平流 |
| 8 | 高压内 | 处于高压脊线附近或副热带高压内部（500hPa在588线内），地面吹偏南风，850hPa处于强暖脊内 |
| 9 | 高压后部 | 处于闭合高压后部或副热带高压后部（500hPa处于588线外），地面吹偏南风，850hPa处于暖区 |
| 10 | 均压区 | 地面处于较弱的气压区内，地面风速小于等于1m/s，风向不定 |
| 11 | 辐合区 | 低空处于相同系统间风向辐合区 |
| 12 | 高压后低压前部 | 受高压和低压双系统控制，地面吹偏南风，风速大，有时出现降水 |

表 3-4　沈阳市 2003—2004 年夏季天气形势出现频率统计

| 地面天气形势 | 出现次数 | 出现频率 /% |
| --- | --- | --- |
| 高压后低压前 | 41 | 22.3 |
| 低压内 | 36 | 19.6 |
| 高压前 | 21 | 11.4 |
| 均压区 | 18 | 9.8 |
| 高压后 | 15 | 8.2 |
| 高压内 | 11 | 6.0 |
| 低压后 | 11 | 6.0 |
| 低压前 | 8 | 4.3 |
| 辐合区 | 7 | 3.8 |
| 高压前弱梯度 | 6 | 3.3 |
| 低压顶 | 6 | 3.3 |
| 低压底 | 4 | 2.2 |
| 合计 | 184 | 100 |

表 3-4 显示，在沈阳市 2003—2004 年夏季所出现的天气形势中，高压后低压前和低压内天气形势出现频率高，分别达到 22.3% 和 19.6%；其次是高压前、均压区、高压后、高压内和低压后，频率在 11.4% ~ 6.0% 之间；出现频率较低的天气形势为低压前、辐合区、高压前弱梯度、低压顶和低压底，出现频率均小于 5.0%。

## 四、天气形势预报空气质量的应用实例

沈阳市 2003—2004 年夏季各种天气形势下对应的 $PM_{10}$、$SO_2$ 和 $NO_2$ 的平均浓度由高到低的分布统计见表 3-5。

**表 3-5　2003—2004 年夏季各种天气形势下污染物平均浓度**　单位：μg/m³

| 地面天气形势 | $PM_{10}$ | $SO_2$ | $NO_2$ |
| --- | --- | --- | --- |
| 低压后 | 87 | 14 | 22 |
| 高压前 | 89 | 14 | 25 |
| 低压内 | 98 | 12 | 21 |
| 高压后低压前 | 123 | 15 | 22 |
| 低压底 | 126 | 17 | 27 |
| 低压顶 | 143 | 17 | 29 |
| 高压后 | 156 | 17 | 32 |
| 高压内 | 156 | 20 | 33 |
| 高压前弱梯度 | 163 | 24 | 43 |
| 低压前 | 166 | 15 | 28 |
| 辐合区 | 182 | 15 | 24 |
| 均压区 | 182 | 15 | 31 |

如表 3-5 所示，对于三种污染物来说，高浓度和低浓度的天气形势有时一致，有时不一致。按 $PM_{10}$ 浓度分布可将天气形势分为四类：①天气形势为低压后、高压前和低压内，浓度最低为 87 ~ 98 μg/m³，API 指数为 69 ~ 74，空气质量处于良好水平；②天气形势为高压后低压前、低压底和低压顶，浓度为 123 ~ 143 μg/m³，API 指数为 87 ~ 97，空气质量处于良好上限；③天气形势为高压后、高压内、高压前弱梯度和低压前，浓度为 156 ~ 166 μg/m³，API 指数为 103 ~ 108，空气质量处于轻微污染下限；④天气形势是辐合区和均压区，污染最重，浓度为 182 μg/m³，API 指数为 116，空气质量处于轻微污染。

根据 $SO_2$ 和 $NO_2$ 浓度将天气形势分为三类：①天气形势为低压后、高压前和低压内，同 $PM_{10}$ 第一类形势一致，此时浓度最低，分别为

12 ~ 14 μg/m$^3$ 和 21 ~ 25 μg/m$^3$；②天气形势为高压后低压前、低压底、低压顶、低压前和辐合区（$SO_2$ 还包括均压区和高压后），浓度略高于第一类，分别为 15 ~ 17 μg/m$^3$ 和 22 ~ 29 μg/m$^3$；③天气形势为高压内和高压前弱梯度（$NO_2$ 还包括均压区和高压后），此时污染最重，浓度分别为 20 ~ 24 μg/m$^3$ 和 31 ~ 43 μg/m$^3$。

### 五、天气形势分类法预报效果评估

利用 2005 年 6 月 1 日—8 月 25 日的 86 个样本进行验证，天气图资料来源为美国国家环境预报中心的 GFS（全球预报系统）的地面形势预报图、风场预报图、850hPa 高度和温度预报图、850hPa 流场预报图、500hPa 高度场预报及温度场预报图，污染物浓度数据使用沈阳市空气质量自动监测系统 $PM_{10}$、$SO_2$ 和 $NO_2$ 全市日平均浓度值，预报时间段为每天 19—20 时。预报准确率评估结果显示，三种污染物的级别预报准确率均高于 90%，浓度范围预报准确率较低，在 60% ~ 97% 之间。总体上，对 $NO_2$ 的预报效果最高，$PM_{10}$ 的预报效果相对较差（刘从容等，2006）。2003—2005 年夏季天气形势分类法预报准确率评估结果见表 3-6。

**表 3-6　2003 —2005 年夏季天气形势分类法预报准确率评估结果**

| 评估项目 | $PM_{10}$ | $SO_2$ | $NO_2$ |
| --- | --- | --- | --- |
| 级别预报准确率 /% | 90 | 99 | 100 |
| 污染物浓度范围预报准确率 /% | 60 | 88 | 97 |

## 第四节　人工神经网络法

人工神经网络（Artificial Neural Network，ANN）简称神经网络，

是以人脑结构为参考模型，用大量简单神经元广泛连接而成的复杂网络。神经网络是用大量的简单处理单元（神经元）组成的非线性动力学系统，具有自学习、自组织、自适应和较强的容错性等特点，是描述和刻画非线性现象的一种有效的工具，已经广泛应用于信号处理、目标跟踪、模式识别、预测、运输与通信等众多领域。

神经网络是20世纪80年代兴起的一门非线性科学，适用于对具有多因素性、不确定性、随机性、非线性等特点的对象进行研究。而大气污染物浓度的时空分布受到气象场、排放源、复杂下垫面、物理化学生物过程的耦合等多种因素的影响，具有较强的非线性特性。20世纪90年代初，神经网络逐渐引入空气污染预报领域。目前，神经网络主要用于空气污染物浓度的短期预报和空气质量指数预报（白晓平等， 2006；白晓平等，2007）。

## 一、方法原理

神经网络的模型有很多种，研究中比较常见的是根据影响大气污染物浓度的气象因素，使用传统的BP（Back Propagation）神经网络建立预报模型，是目前应用最广泛、成效显著、算法较成熟的一种。

BP神经网络是一种单向传播的多层前向网络，网络的第一层为输入层，最末一层为输出层，中间各层均为隐含层。同层神经元节点间没有任何耦合，而相邻层的神经元之间使用连接权系数进行相互连接。输入信息依次从输入层向输出层传递，每一层的输出只影响下一层的输入。网络中每一层神经元的连接权值都可以通过学习来调整。当给定一个输入节点数为$N$、输出节点数为$M$的BP神经网络，输入信号由输入层到输出层传递，通过非线性函数的复合来完成从$N$维到$M$维的映射，该过程是向前传播的过程；如果实际输出信号存在误差，网络就转入误差反向传播过程，并根据误差的大小来调节各层神经元之间的连接权值。当误差达到可接受的范围时，网络的学习过程就此结束（王俭等，2002；郭庆春等， 2011）。BP神经网络拓扑结构示意图见图3−1。

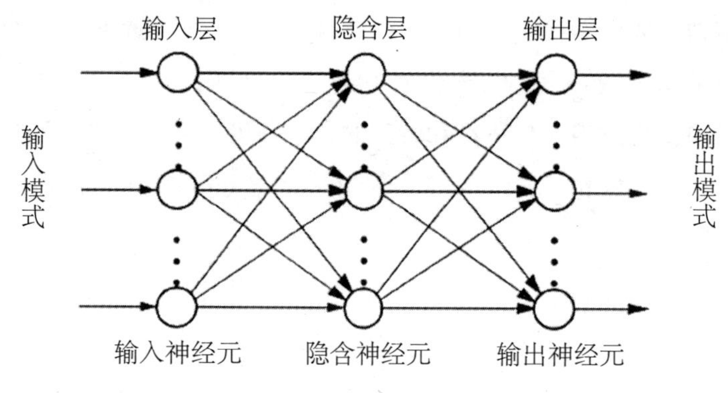


图 3-1 BP 神经网络拓扑结构

## 二、神经网络法应用要点

基于神经网络的空气污染预报模型，是用半经验的结果分析出污染物的浓度变化趋势，属于随机模型。只要可以获得充足的观测数据，随机模型就可以进行短期实时预报，同样适合于气象数据在短期有较大变化或者观测地形比较复杂的情况。

神经网络预测大多是将现有多个气象观测因子以及污染数据作为输入，最终空气污染数据作为输出来进行训练，必须将实际测得的各种影响因子数据代入神经网络结构才能进行预测，因此需要有充足的数据源；同时，神经网络使用大量的参数，为避免出现过拟合现象，同样需要大量的观测数据。

建立空气污染预报的神经网络模型，关键是找出隐含于各气象要素和污染物浓度之间的规律，设计最佳网络结构。空气污染受气象条件、污染源的变化、季节、人口密度、交通等多种因素的影响，充分考虑影响空气污染物浓度的各种因素，采用合适的方法选取网络的输入参数，是确定网络结构必不可少的重要环节。

需要注意的是，神经网络模型对于历史样本数据拟合的精度高并不能说明网络预报效果就一定很好，还需要考虑网络对于将来未知数据的预报效果（白晓平等，2006）。

## 三、BP 神经网络模型应用举例

以沈阳市环境监测中心站 1999 年秋季（9—11 月）的气象数据及 $NO_x$ 小时浓度数据为基础，并从中筛选出 120 组数据作为神经网络的训练学习样本，建立了沈阳市秋季 $NO_x$ 小时浓度神经网络预报模型，并采用 2000 年的气象数据进行预报验证。

通过研究分析，确定沈阳市 $NO_x$ 小时浓度由以下因素决定：大气稳定度、进行观测的北京时间、温度、云量、风向、风速、前一时刻污染物含量。将以上 7 个因素作为输入参数，建立起 $NO_x$ 神经网络预报模型，见图 3–2。

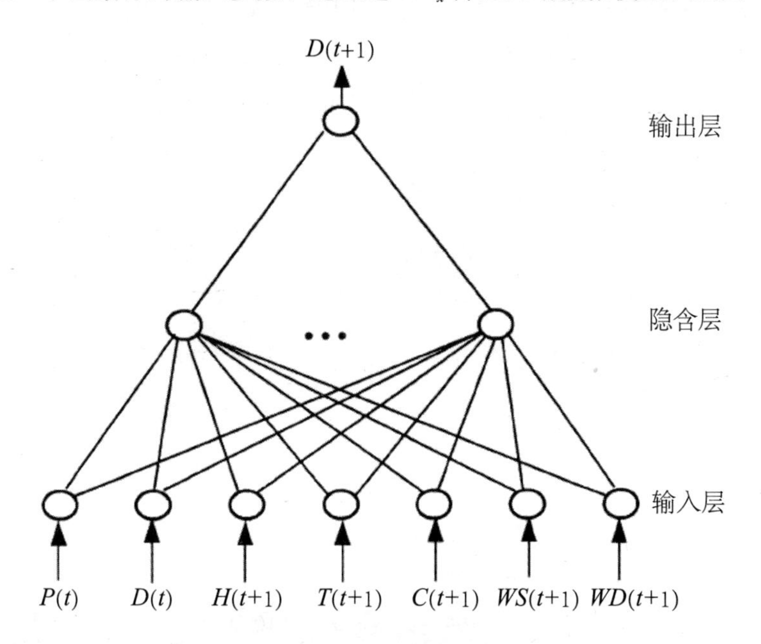


**图 3–2　$NO_x$ 神经网络预报模型结构图**

注：$t$ 表示第 $t$ 小时，（$t$+1）表示第（$t$+1）小时。

$P$（$t$）：$t$ 时刻的大气稳定度等级，A、B、C、D、E 各等级分别记为 1、2、3、4、5；

$D$（$t$）：$t$ 时刻的污染物含量；

$D$（$t$+1）：（$t$+1）时刻的 $NO_x$ 含量；

$H$（$t$+1）：（$t$+1）时刻的北京时间；

$T$（$t$+1）：（$t$+1）时刻的温度；

$C$（$t$+1）：（$t$+1）时刻的云量；

*WS*（*t*+1）：（*t*+1）时刻的风速；

*WD*（*t*+1）：（*t*+1）时刻的风向。

模型中输入层共含有 *P*（*t*）、*D*（*t*）、*H*（*t*+1）、*T*（*t*+1）、*C*（*t*+1）、*WS*（*t* +1）、*WD*（*t*+1）7 个神经元（*C*1=7），输出层含有一个神经元为 *D*（*t*+1）（*C*2=1），隐含层神经元个数通过试错法取为 11。输出层为（*t*+1）时刻 $NO_x$ 小时浓度。

在建立预报模型时，利用下一小时（*t*+1）时刻的气象预报数据，同时又考虑了前一小时（*t*）时刻气象因素的影响，以此增加预报模型的合理性，有效提高了预测结果的可靠性和预测精度。

利用 1999 年秋季数据 $NO_x$ 小时浓度神经网络预报模型后，利用 2000 年 11 月 2 日的气象数据进行预报，得到的 $NO_x$ 小时浓度预报结果，并与实际观测值进行对比分析，模型验证结果见表 3–7。

**表 3–7　2000 年 11 月 2 日 $NO_x$ 小时浓度预报结果**　单位：μg/m³

| 时间 | 观测值 | 预报值 | 绝对预报误差 | 相对预报误差 /% |
|---|---|---|---|---|
| 0:00 | 52 | 46 | −6 | 12 |
| 1:00 | 40 | 35 | −5 | 12 |
| 2:00 | 39 | 45 | 6 | 15 |
| 3:00 | 39 | 48 | 9 | 23 |
| 4:00 | 55 | 72 | 17 | 25 |
| 5:00 | 76 | 79 | 3 | 4 |
| 6:00 | 109 | 99 | −10 | 9 |
| 7:00 | 117 | 111 | −6 | 5 |
| 8:00 | 138 | 132 | −6 | 4 |
| 9:00 | 110 | 136 | 26 | 18 |
| 10:00 | 56 | 59 | 3 | 5 |
| 11:00 | 35 | 40 | 5 | 14 |
| 12:00 | 30 | 31 | 1 | 3 |
| 13:00 | 26 | 31 | 5 | 19 |

| 时间 | 观测值 | 预报值 | 绝对预报误差 | 相对预报误差 /% |
|---|---|---|---|---|
| 14:00 | 32 | 31 | −1 | 3 |
| 15:00 | 54 | 58 | 4 | 7 |
| 16:00 | 96 | 85 | −11 | 11 |
| 17:00 | 168 | 155 | −13 | 8 |
| 18:00 | 176 | 152 | −24 | 11 |
| 19:00 | 185 | 172 | −13 | 7 |
| 20:00 | 120 | 130 | 10 | 8 |
| 21:00 | 122 | 112 | −10 | 8 |
| 22:00 | 118 | 111 | −7 | 6 |
| 23:00 | 122 | 136 | 14 | 11 |

11 月 2 日的平均绝对预报误差为 1 ～ 10 μg/$m^3$，平均相对预报误差为 10.95%，说明利用该模型进行 $NO_x$ 预报是合理和有效的（王俭等，2002）。

## 参考文献

[1] 白晓平，李红，张启明，等．人工神经网络在空气污染预报中的研究进展 [J]．科技导报，2006，24（12）：77−81．

[2] 白晓平，张启明，方栋，等．人工神经网络在苏州空气污染预报中的应用 [J]．科技导报，2007，25（3）：45−49．

[3] 郭庆春，何振芳，李力，等．人工神经网络在 API 预报中的应用 [J]．陕西农业科学，2011，2：124−126．

[4] 刘从容，刘振山，胡海旭．环境空气质量统计预报模式的研究——沈阳市环境空气质量各季节预报模式 [J]．环境保护科学，2006，32（4）：3−9．

[5] 刘从容，任万辉，杜毅明，等．沈阳市环境空气质量天气模式预报

方法 [J]. 环境保护科学，2006，32（2）：1-7.

[6] 任万辉，苏枞枞，赵宏德 . 城市环境空气污染预报研究进展 [J]. 环境保护科学， 2010，36 （3）:9-11.

[7] 孙晓梅 . 城市空气污染预报方法研究 [J]. 环境保护科学，2001，27（103）：6-8.

[8] 王俭，胡筱敏，郑龙熙，等 . 基于 BP 模型的大气污染预报方法的研究 [J]. 环境科学研究，2002，15（5）：62-64.

[9] 赵国君 . 长春市空气质量预报系统的建立及应用 [D]. 长春：吉林大学，2004.

[10] 赵仲莲，戚登臣，杨德保，等 . 兰州市三种主要空气污染物（$SO_2$，$NO_2$，$PM_{10}$）的统计预报方法 [J]. 甘肃科技，2006，22（12）：101-103.

# 第四章　环境空气质量数值预报技术方法

空气质量预报是一项复杂的系统工程，是当今环境科学研究的热点与难题。通过各类预报方法与手段相结合，可对痕量气体、气溶胶等多种大气污染物在城市、区域、全球尺度下的不同类型污染过程进行模拟预测研究，研究内容涉及气象、物理、化学等多个学科，包含宏观、微观多种过程，成为当前城市及区域污染调控与治理的有效途径。

空气质量数值预报方法以大气动力学理论为基础，在给定的气象场、源排放以及初始和边界条件下，通过一套复杂的偏微分方程组描述大气污染物在空气中的各种物理化学过程（输送、扩散、转化、沉降等），并利用计算机高速运算进行数值计算方法的求解，预报污染物浓度动态分布和变化趋势，提供高时空分辨率的污染物浓度区域分布，同时可用于污染来源解析与去向追踪分析，其基本组成结构如图 4−1 所示。目前的数值模式预报主要涉及高性能计算系统、空气质量模式、气象数值模式、源清单编制与动态更新机制、监测网络数据同化和综合分析工具等，其在区域性空气质量预报与分析方面具有明显优势，是目前国内外主流的环境空气质量预报技术方法。

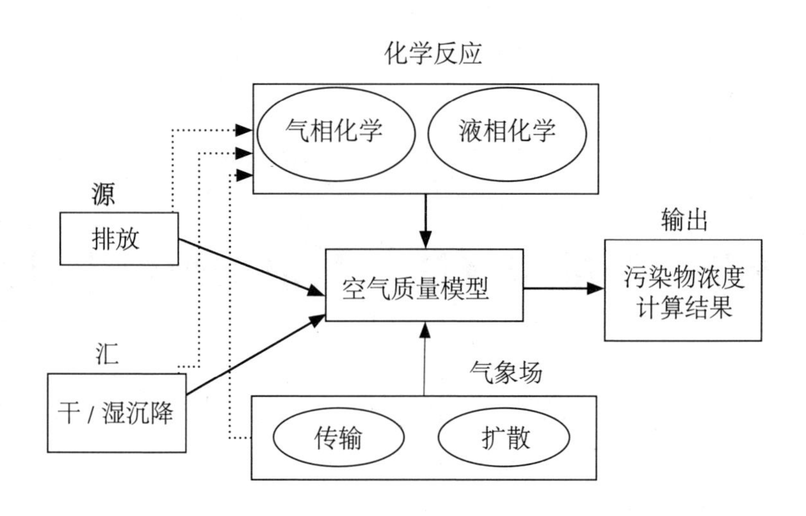


**图 4-1　空气质量数值预报基本组成结构**

# 第一节　空气质量数值模式发展

## 一、发展历程

自 20 世纪 70 年代以来，空气质量数值模式历经从第一代拉格朗日轨迹模型到第二代欧拉网格模型，发展到当今主流的以美国国家环境保护局“Models-3/CMAQ”为代表的第三代区域多尺度空气质量模型系统，再到气象与污染耦合的在线空气质量模型系统 WRF-Chem 模式，空气质量数值模拟技术日渐成熟并广泛应用于空气质量预报、污染成因分析以及环境政策评估等多个领域。

20 世纪 60 年代至 80 年代初，发展的第一代空气质量模式主要为箱式模型、局地烟流扩散模型以及拉格朗日轨迹模型。这类扩散模型采用较为简单、高度参数化的线性机制描述大气物理化学过程，难以在复杂地形和对流条件下使用，适于模拟化学活性较低、大气状态稳定的惰性污染物长期平均浓度。第一代模式仅适用于模拟无化学活性污染物的扩散及简易的有一定化学活性的轨迹模拟。

20 世纪 70 年代末至 90 年代初，大气化学、边界层物理等基础理论研究工作取得显著进展，进而推动了模式研究的长足发展，逐渐形成了以欧拉网格模型为主的第二代空气质量模式。欧拉模式使用固定坐标系来描述污染物的输送与扩散，能够更好地描述存在时间变化（非定常）的污染物浓度分布状况，主要针对光化学反应的气态污染物或固态污染物。这一时期的模式研究仍侧重于单一的大气污染问题，如针对酸沉降问题开发的 RADM、STEM–II 和 ADOM 模式；针对光化学污染的 CIT、UAM 模式等。由于排放到空气中的污染物种复杂多样，各种环境问题相互关联，往往呈现出复合型污染的特点，因而单独针对特定污染类型的模式无法满足日益增长的研究需要。

20 世纪 90 年代后，“一个大气”的概念被提出，将整个大气作为研究对象，能在各个空间尺度上模拟所有大气物理和化学过程的第三代空气质量模式系统逐步发展起来。代表模式如美国国家环境保护局开发的 Model–3 系统（1999 年），其包括源排放模式（SMOKE）、中尺度气象模式（MM5）和通用多尺度空气质量模式（CMAQ）三部分，可在局地、城市、区域和大陆等多种空间尺度上针对包含多种气态污染物和气溶胶成分在内的 80 多种污染物展开逐时模拟，并有更加完善的化学机制可供选择。

WRF（天气研究与预报模型，the Weather Research and Fore–casting Model）是由美国大气研究中心（NCAR）、美国海洋与大气管理局、美国环境预报中心（NCEP）及预报系统实验室（FSL）、空军气象局（AFWA）、海军研究实验室和奥克拉荷马大学及联邦航空管理局（FAA）共同合作开发的新一代中尺度气象模式预报系统，具有广泛的应用领域，对湍流交换、大气辐射、积云降水、云微物理及陆面等多种物理过程均有不同的参数化方案，可以为化学模式在线提供大气流场。WRF–Chem 作为最新发展的区域大气动力—化学耦合模式，最大优点是气象模式与化学传输模式在时间和空间分辨率上完全耦合，实现真正的在线传输。由中科

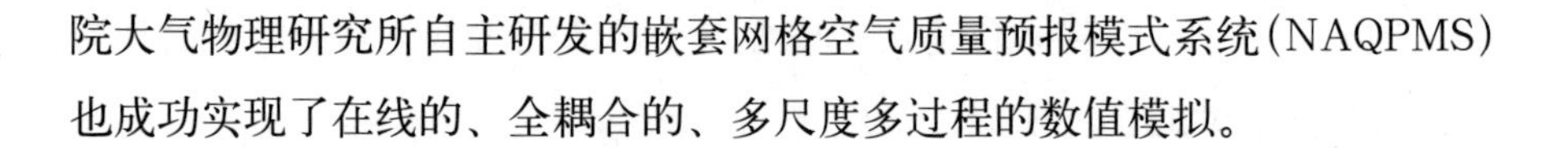
院大气物理研究所自主研发的嵌套网格空气质量预报模式系统（NAQPMS）也成功实现了在线的、全耦合的、多尺度多过程的数值模拟。

## 二、主流模式

目前，国内外主流的环境空气质量数值预报模式主要包括中科院大气所自主研发的 NAQPMS 模式、美国的 CMAQ 模式、CAMx 模式和 WRF−Chem 模式，以及法国的 Polyphemus 模式等。

中国科学院大气物理研究所研制的“嵌套网格空气质量预报模式系统”（NAQPMS）充分借鉴吸收了国际上先进的天气预报模式、空气污染数值预报模式等的优点，并体现了中国各区域和城市的地理、地形环境、污染源排放等特点。该系统在计算机技术上采用高性能并行集群的结构，低成本地实现了大容量高速度的计算，从而解决了预报时效问题；在研制过程中考虑了自然源对城市空气质量的影响，设计了东亚地区起沙机制模型；并采用城市空气质量自动监测系统的实际监测资料进行计算结果的同化。该模式系统被广泛地运用于多尺度污染问题的研究，不但可以研究区域尺度的空气污染问题（如沙尘输送、酸雨、污染物的跨国输送等），还可以研究城市尺度的空气质量等问题的发生机理及其变化规律，以及不同尺度之间的相互影响过程。NAQPMS 模式成功实现了在线的、全耦合的包括多尺度多过程的数值模拟，模式可同时计算出多个区域的结果，在各个时步对各计算区域边界进行数据交换，从而实现模式多区域的双向嵌套。同时，模式系统的并行计算和理化过程的模块化则有效地保证了 NAQPMS 模式的在线实时模拟，如图 4−2 所示（王自发等，2006）。

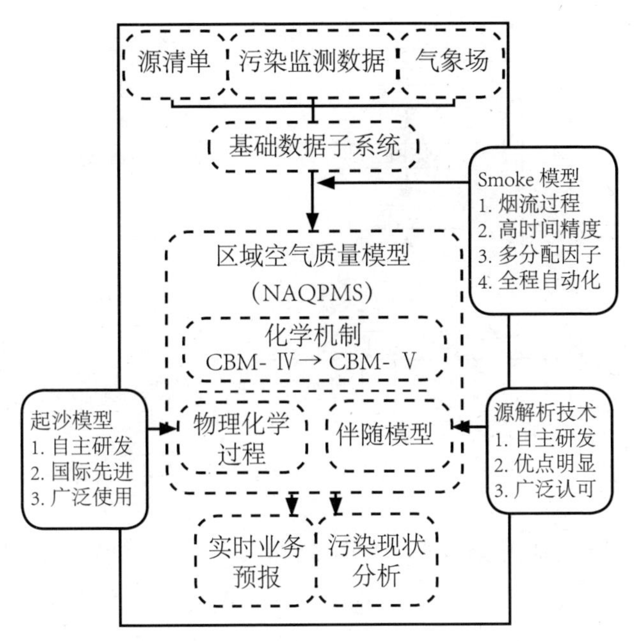


**图 4—2　双向嵌套多尺度空气质量模式（NAQPMS）结构**

CMAQ 模式系统主要包含源排放处理模型、气象模型以及化学传输模型（如图 4—3 所示）。气象模型主要为排放模型及化学传输模型提供大气运动状况、气压场、湿度场以及温度场、动量和热量、湍流扰动特征量、云和降水、大气辐射特征等气象场数据资料；排放模型则根据周边环境的气象条件及社会经济活动状况对大气污染源的排放情况进行计算；化学传输模型利用气象模型和排放模型计算的气象数据与源排放数据对城市和区域尺度涉及对流层臭氧、酸沉降、能见度和颗粒物等污染物的物理和化学过程进行模拟和预报。此外还有数据分析系统与可视化工具来对模型输出结果进行分析处理及绘图。

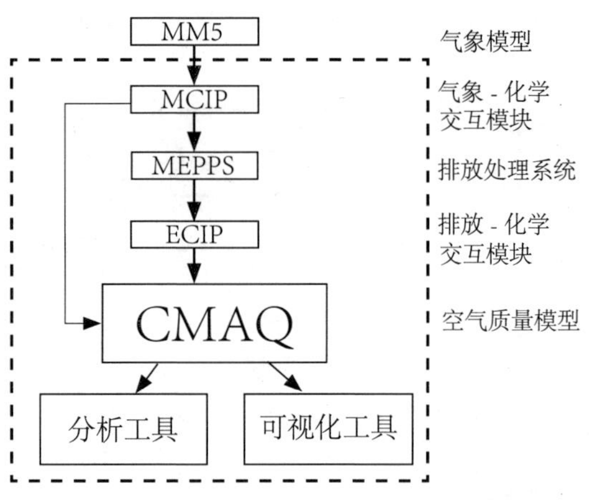


**图 4–3　Models–3/CMAQ 空气质量模式框架及关键组件**

CAMx 模式是美国 ENVIRON 公司在 UAM–V 模式基础上开发的大气化学传输欧拉型数值模式，适用于城市到洲际尺度的多种气相与颗粒相污染物的模拟。CAMx 模式包含 5 种化学反应机理，提供两种平流格式：Bott 格式和 PPM 格式，水平扩散系数计算采用 Smagorinsky 的方案，并用显式中心差分法来处理水平扩散过程。垂直的对流和扩散均采用 Crank–Nicholson 方法求解。气相化学机理采用改进的 CBM2 IV 机理，用 ENVIRON CMC 解法求解。干沉降作为垂直扩散的下边界条件来处理，湿沉降对气相、颗粒污染物在云中和云下的清除分别采用相应的模型进行处理。CAMx 采用多重嵌套网格技术，可以方便地模拟从城市尺度到区域尺度的大气污染过程。

WRF–Chem 模式考虑输送（包括平流、扩散和对流过程）、干湿沉降、气相化学、气溶胶形成、辐射和光分解率、生物所产生的放射、气溶胶参数化和光解频率等过程，其中包括 36 个化学物种和 158 类化学反应，气溶胶模块中含有 34 个变量，包括一次和二次粒子（有机碳、无机碳和黑炭等）。在粗粒子设计方案中有 3 类：人为源粒子、海洋粒子和土壤尘粒子。该模式已被用于研究城市复合污染特征和气溶胶粒子、$O_3$ 及其前体反应物（$NO_x$、VOCs 等）之间的化学反应机制等。其机理图如图 4–4 所示。

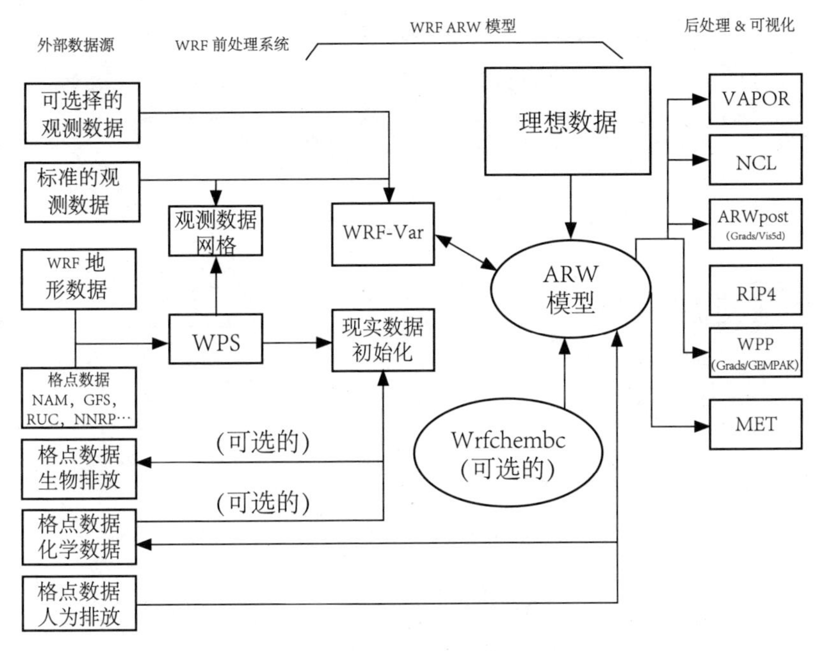


**图 4-4　WRF-Chem 机理图**

法国 ENPC 工学院 INRIA 国家环境研发中心开发的空气质量模式集合预报平台系统 Polyphemus 模式，运用包括高斯烟羽模型、欧拉化学传输模型以及格点烟羽模型等多种物理化学模型，模拟尺度范围从局地小尺度到区域洲际大尺度，模拟对象包括绝大多数气体污染物和气溶胶光化学反应以及放射性物质扩散的动力学过程。运用包括集合预报和数据同化等技术提高预报准确度。

## 第二节　空气质量预报模式系统框架

空气质量预报模式一般由四个子系统构成：基础数据系统、中尺度天气预报系统、空气污染预报系统和预报结果分析系统。系统结构框架如图4–5所示。

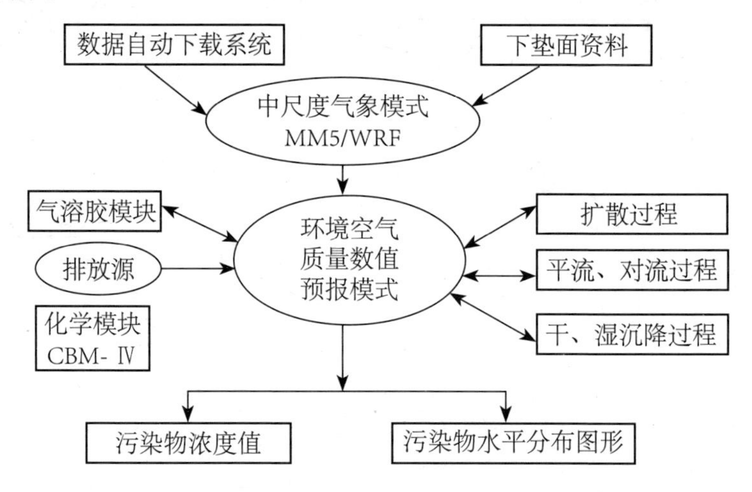


**图 4–5　空气质量预报模式系统的主要架构**

## 一、基础数据子系统

整个空气污染数值预报业务系统的基础包括下垫面资料（USGS）、污染源资料（WYGE）、气象资料（NCEP）和实时监测污染物的监测资料（JCGE）四个部分。

下垫面资料一般采用USGS的植被、地形高度等资料。污染源资料包括主要的大气污染源烟尘的排放浓度资料和每个污染源的地理经纬度资料；全部区域划分为诸多网格，每个网格作为一个污染面源的TSP浓度资料和网格的地理经纬度资料。上述两部分数据在系统初始化前作为基础数据输入和存储在数据库中，后续新的数据可以随时输入或替换老的数据。

气象资料是开展空气污染预报最重要的基础之一。这里所说的气象数据并不是原始台站的气象实测数据，而是经过GCM（全球大气环流模式）处理后的网格化气象数据。GCM提供的网格化气象数据包括两类，一类是再分析数据，即实测气象数据经过资料同化后的网格化气象数据，作为GCM模式和中尺度气象模式的初值；另一类是GCM预报数据，作为

GCM 的预报结果和中尺度模式的边界条件或初值。

## 二、中尺度天气预报系统

空气质量模式一般采用 MM5 或者 WRF 中尺度气象预报模式进行气象场的模拟预测。MM5 是美国国家大气科学研究中心（NCAR）与宾夕法尼亚州州立大学合作发展的第五代中尺度静力 / 非静力模式。由于 MM5 的模式源代码完全公开，在全球各国大气物理科学家的共同努力下，MM5 现已发展成目前全球最成熟的中尺度天气预报系统之一。WRF 是新一代中尺度数值天气预报系统，主要用于执行预报作业与大气研究工作。WRF 的特点具备复合动力核心，包括 3DVAR（三维资料同化）及并行计算与系统扩充性的软件架构。可广泛应用在数公里到上千公里的尺度上。WRF 可以让研究人员运用模拟计算方式反映真实资料或是理论参数，是一套在计算上具有高度弹性及高效率的预报模式，同时提供物理、数值及资料同化等先进功能。

## 三、空气污染预报系统

空气污染预报系统空间结构一般为三维欧拉输送模式，水平结构为多重嵌套网格，水平分辨率可根据区域和城市规模选择 3 ~ 81 千米，垂直方向可根据不同需求不等距分层。预报污染物包括 $PM_{2.5}$、$PM_{10}$、$SO_2$、$NO_2$、$O_3$、CO 等，主要包括污染物的排放、平流输送、扩散、气相、液相及非均相反应，干沉降以及湿沉降等物理与化学过程。

## 四、预报结果分析系统

此模块主要是对模式的输出结果进行转化，使用 NCL、GrADS、Vis5D 等图形处理软件以及 Dreamweaver、Javascript、HTML 等网页制作软件将模式的输出结果进行可视化，使得公众更为直观清晰地理解污染物的变化情况。

# 第三节　空气质量预报平台设计构架

## 一、总体要求

数值预报模式系统包含数据收集下载、数据前处理、模式计算、结果后处理、成果发布展示等子系统。其中主模式（包含气象模式、化学模式）是整个系统的主要部分，也是主要计算量所在，这个部分对计算机性能要求较高，因此在空气质量数值预报的高性能计算系统选择时，需重点关注：高性能，特别是浮点处理性能；高性能网络环境；高性能易扩展的存储系统和系统的高稳健性。

## 二、软件系统设置

根据需要预报区域的规模建立一个耦合大气观测资料的地区多模式集合预报系统，其中数值模式集合预报技术的模块封装技术以及大气化学资料同化的模块封装技术，是实现系统自动化运行的关键技术之一。这些技术既需要科学家在原理和应用层面的发展，同时也需要专业软件工作者的模块封装以及跨硬件平台的测试，需要委托相关的设备厂商进行软件测试和二次开发。

预报系统包含刀片计算节点、胖节点、集群功能节点、并行存储系统、备份存储系统、网络系统、集群软件系统、机柜及制冷系统等组成部分。

## 三、计算系统设置

计算系统包括刀片中心、计算节点、管理／登录（I/O）节点、数据库服务器及应用存储系统。通过登录刀片中心，可直接访问刀片服务器。

刀片平台要求实现与操作系统无关的远程对服务器的完全控制；监控系统可实时监测内部主要部件的状态。计算刀片、瘦计算节点、胖计算节点、管理／登录节点的数量以及数据库服务器及应用存储系统的大小建议按照各预报中心实际情况进行设置。

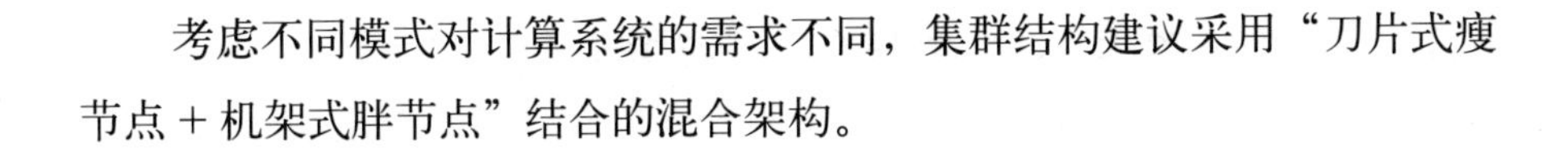

考虑不同模式对计算系统的需求不同，集群结构建议采用“刀片式瘦节点＋机架式胖节点”结合的混合架构。

## 四、调度系统设置

多道并行程序调度功能，即在并行环境下，由分时系统控制多道并行作业有效地运行。使不同用户在并行环境下感觉像单独使用系统一样，能方便地随时提交自己的作业而不必长时间排队等待。

提供抢占式调度功能，以保证用户使用上的优先级。能够提供按队列分配优先级的策略。优先级高的作业能抢占优先级低作业的计算资源（CPU、内存、许可证等），从而以最快速度完成。

提供公平式调度，保证服务器资源能被合理分配和使用。当某个用户（或用户组）的作业量不到他所占的资源份额时，其他用户（或用户组）的作业可以使用该用户（或用户组）份额内的剩余资源，以保证计算资源得到最大的利用。而当该用户（或用户组）提交更多的作业时，他的作业将比其他已使用完分内资源的用户（或用户组）优先得到资源而执行。

## 五、计算机组运算量

根据区域大小、精度要求和运行方式不同，其计算能力要求差别较大。各地根据空气质量预报预警平台中所设方程、运行模式及考虑业务发展和科研的需要，一般建议市级预报系统的计算能力不小于10Tflops，省级预报系统的计算能力不小于20Tflops。具体计算量还需根据各地方站考虑实际需求计算运算量。

## 六、网络系统设置

网络系统需满足高性能计算机集群的相关支持功能；每个子系统需配置单一的模块化大端口交换机，实际配置端口数目需满足每个子系统全部节点FDR线速要求。其他配件包括页板、FDR Infiniband线缆数量按照预报中心规模定制。计算网络采用全线速、无阻塞的56Gb FDR Infiniband。管理网络采用千兆或万兆以太网络方案。

网络系统还应配备交换机并设置可配合 USB Key 产品进行内网身份鉴别控制上网管理和 VPN 拨号联动，支持主流防火墙功能的防火墙。运维操作审计系统可分为系统管理员、运维管理员、运维凭证员和运维审计员等拥有不同权限的分级管理角色以保证系统管理的安全。

## 七、存储系统设置

要求配置中高端光纤存储系统，省级中心条件成熟的可配置并行文件系统；存储系统需满足高性能计算机集群的相关支持功能，根据数值预报数据存储特点，建议将存储系统划分为工作区和备份区的两级分区，工作区配置高性能存储介质，备份区配置大容量存储介质。并行存储系统基于对象存储技术的并行存储系统，全局单一的命名空间，元数据和数据分离设计。备份存储系统提供软硬件一体的整体备份系统。

功能要求：工作区 I/O 性能不小于 2GB/s 的持续读写能力；统一用户管理界面，支持中英文图形管理界面；无需手工配置，在菜单中配置代理和参数调整；可通过图形界面将索引从磁带中恢复并重建；数据库备份不需要编辑脚本，纯图形；具备备份自动化功能，具备自动化通知功能；具备多种报表自动化功能；支持设备的自动发现和配置功能；支持操作系统分区一键式快速恢复。

备份存储系统为避免软硬件使用过程出现不兼容现象，要求支持在线备份、增量备份和合成备份；支持 LAN 或 LAN-Free 备份等方式；支持文件、各种数据库和操作系统的备份功能；支持产品自身 VTL 方式与智能磁盘方式备份，支持重复数据删除功能；支持 Windows、Linux、AIX、HP-Unix 等各种异构客户端备份；基于时间点的备份触发机制，还需支持基于事件的备份触发机制。

## 八、数据库及服务器设置

根据预报中心规模提供集群系统可用的配置规划及服务。

存储系统架构建议采用全模块化设计，必须为运行存储专用操作系统的专业存储设备，同时还配置动态磁盘池技术，不需单独闲置热备盘，而是将热备空间平均分布在所有磁盘上，提高磁盘利用率，加快数据重构时间。满配冗余部件，支持存储控制器、风扇、电源等部件冗余热插拔更换，支持全局热备硬盘。

### 九、机房设置

计算机机房是一种涉及空调技术、配电技术、网络通信技术、净化、消防、装潢、安防等多种专业的综合性产业。本着从满足机房建设项目的实际需要出发，机房建设应立足于满足目前应用需求的基础上进行合理优化，又考虑到后续系统使用维护和今后技术的发展趋势，充分发挥机房的综合功能，并能够迅速适应未来的发展变化。需对机房进行空调新风系统、动力配电系统、建筑装修系统、防雷接地系统、监控管理系统、消防报警系统等部分的建设。

## 第四节　上海环境空气质量数值预报模式应用

上海市环境监测中心的数值预报模式于 2005 年投入运行，预报员以数值模式为参考开展一周潜势预报和分区预报工作，并且在 2009 年发展到一周滚动预报，同时开始启动 48 小时预报工作。在 API 时代，预报因子主要包括 $SO_2$、$NO_2$ 和 $PM_{10}$，预报员定期会对预报工作以及数值预报的效果进行回顾和评估。2010 年以世博会为契机，上海市环境监测中心和美国国家环保局开展有关预报平台的合作，建立了 AIRNow-I 平台，并将数值预报的相关产品集成到 AIRNow-I 平台中，从而更有助于预报员参考数值预报的产品以辅助预报工作。

考虑到空气质量数值预报涉及多尺度范围（区域尺度的空气污染问题与城市尺度的污染物演变规律）、多种污染物（几十种物质的化学反应）、多种物理过程（输送、扩散、化学转化、干湿沉降过程）、高时空分辨率（城市不同功能区污染源结构和城市复杂下垫面的影响，最小区域网格分辨率应小于 5 千米，每小时有预报结果输出）等因素，嵌套网格空气质量模式系统在上海的应用进行如下设计：

## 一、模式区域的选取

模式系统在上海的应用采用四重嵌套技术：模式区域的中心经纬度为东经 118°，北纬 32°，第一区域覆盖东亚地区，水平分辨率为 81 公里，水平网格点数为 88×75，预报 96 小时。第二区域覆盖中国东南沿海地区，水平分辨率为 27 公里，水平网格点数为 85×70，预报 72 小时；第三区域覆盖长江下游地区，水平分辨率为 9 公里，水平网格点数为 76×67，预报 72 小时；第四区域覆盖上海及周边地区，相应的水平分辨率为 3 公里，水平网格点数为 88×73，预报 72 小时。

## 二、气象场设置

空气质量数值预报模式采用中尺度气象模式 MM5 或 WRF 作为统一的气象场，为各空气质量模型提供气象驱动，并采用 SMOKE 排放源处理模型统一处理排放清单，以提供各空气质量子模式统一排放源，通过气象—化学及排放源—化学交互模块实现 MM5 气象模式及 SMOKE 排放源模型与空气质量模式的对接。

数值预报系统中，通过 Linux 平台的 C shell 脚本来实现数据自动下载功能，为中尺度数值天气预报提供基本的边界与初始条件。在模式预报中，MM5 模式的初始和边界条件取自 NOAA（National Oceanic and Atmospheric Administration）的全球预报气象场 GFS（Global Fore-casting System）数据集。MM5 气象预报 96 小时，下载获得预报起始时间每日世界时 12 时，即北京时间晚 20 时，24 小时一次的 GFS 数据集为

MM5 模式提供初始及边界条件。该数据集目前采用压缩比较好的 grib2 编码，空间分辨率达到 0.5 度 ×0.5 度。

完成 MM5 模式与空气质量预报系统各子模式对接模块，即气象—化学模块，以实现 MM5 气象模式对各空气质量模式的统一气象驱动，根据各空气质量模式的实际数据交换要求，发展不同的接口模块软件。完成中科院大气所 NAQPMS 模式 MM5−NAQPMS 模式接口模块，interpb/tograds 模块，实现模式变量选取，在有效驱动 NAQPMS 模式的前提下节约硬盘存储空间；CMAQ 模式通过 MCIP 模块实现 MM5 结果输入，以驱动 CCTM 化学输送模块；CAMx 模式则采用 MM52camx 模块完成气象场到空气污染模式的输入，以驱动核心化学模块运行。

中尺度气象模式 MM5　v3.6 不仅为空气质量预报提供气象驱动，同时 MM5 模式结果也提供给 SMOKE 模型以考虑气象因子对排放源影响，并最终建立模式所需要的排放源，提供给各空气质量子模式使用。SMOKE 模型的点源及机动车源处理过程需要由气象场输入。MM5 模式通过 Model−3/CMAQ 的气象—化学交互模块 MCIP 为 SMOKE 模型提供气象场条件，见图 4−6。

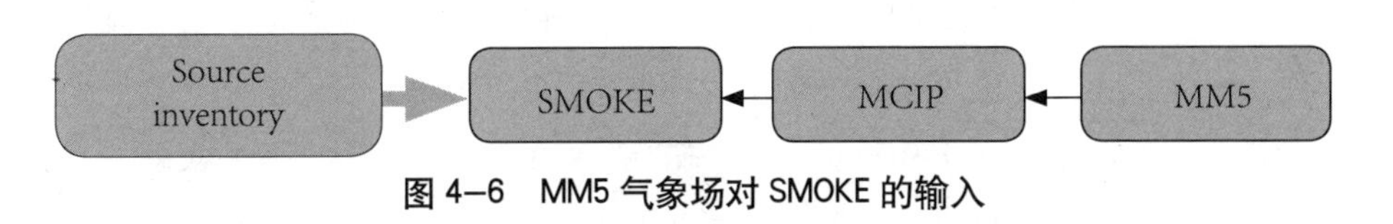


图 4−6　MM5 气象场对 SMOKE 的输入

### 三、排放源的处理

工业点源、线源和面源构成了城市的多源排放体系，它们可以直接造成微尺度和区域尺度的污染物传输，这种污染在特定的气象条件下常易造成严重危害，尤其是在城市大气多尺度环流系统的相互作用下，城市点源、线源、面源排放的空气污染物不断混合、扩散，并通过不同时空尺度的化学成分转化及光化学过程，形成其时空多尺度的污染分布特征。因此，对于城市空气污染数值模拟来说，要想反映城市空气污染的时空分布特征及其演变规律，污染物排放清单是必不可少的因子。NAQPMS模式系统在上海的模拟中用到的排放源主要分为四类：

（1）David Streets的东亚排放源清单，该排放源清单是在2000年TRACE-P和ACE-Asia期间主要针对亚洲64个地区的主要人为排放、生物燃烧排放等实验监测所得，主要物种有$SO_2$、$NO_x$、$CH_4$、$CO_2$、CO和VOCs，黑炭气溶胶（BC），有机碳气溶胶（OC）等，其中按照种类以及化学反应机制的差异，将VOCs又细分为19个物种。除此之外，还根据高分辨率的地理信息系统精确得出污染物排放源的地理位置。

（2）东亚地区的沙尘排放源，根据东亚地区下垫面不同的植被、土壤类型、雪盖的差异得出。

（3）本地工业点源，由上海市环境监测中心对全市6 368家主要工厂的污染物源排放调查得出。主要的污染物源排放种类有$SO_2$、$PM_{10}$、$NO_x$和CO。

（4）本地机动车排放源，由上海市环境监测中心对上海市各主干道的机动车排放的尾气监测得出。主要的污染物排放种类有$NO_x$、$PM_{10}$、CO和VOCs。

考虑到污染源影响的区域范围，在本研究中，沙尘排放源只用在第一区域，第一、二、三区域的排放源采用David Streets的东亚排放源，第四区域则在使用David Streets排放源清单作为人为排放背景场的基础上，再加入上海本地的工业点源以及机动车排放源。其中，由于工业点源的烟囱高度高矮不一，在保证计算精度的前提下，本研究将40米以下的污染源划分到网格内，作为面源处理，仅将高于40米的高架源作为点源。

## 四、模拟的时间长度

在开展API预报时，我国环保系统在计算污染物日均值时，采用的是北京时间昨日12:00—今日11:00的污染物浓度平均值，因此，本研究根据上海市空气污染业务预报的需要，模拟的初始时间设为当日20:00，模式除了对上海本地的污染物进行模拟外，还要考虑未来两三天的天气形势影响，因此在第一区域的模拟时间长度为 4 天，第二、三区域为 3 天，第四区域为 40 小时。

模式系统在上海的应用中采用 16 个奔腾 2.4G 的 CPU 进行并行计算，一天的总共模拟时间大约为 5 小时左右。

## 第五节　南京环境空气质量数值预报模式应用

自 2007 年起，南京市空气质量数值预报系统通过一系列研究项目和课题的开展，采购了高性能刀片式服务器，搭建了 WRF−Chem 空气质量数值模型，建立了南京市的大气污染物排放清单。2011 年，为满足青奥会空气质量保障需要，推动南京地区空气质量的根本性改善，科技部立项开展《南京青奥会支撑技术集成应用与示范》研究，更新大气污染源清单至 2012 年，完成 WRF−Chem 数值模式预报结果的集成，并在 2013 年 8 月亚青会空气质量保障中进行测试应用，实现了空气质量数值模式的业务化运行。

预计到 2014 年 8 月南京青奥会召开之前，南京将完成 WRF−CMAQ（CMAQ 是美国国家环保局开发的第三代区域空气质量模式）和 Re-gAEMS（包括中尺度气象模式和三维时变的欧拉型区域大气环境模式）数值模式的构建和应用，并建立以 WRF−Chem、WRF−CMAQ 和 Re-gAEMS 三套数值模式为核心，集成 BP 神经网络统计预报及污染扩散潜式预报为一体的南京市空气质量集合预报系统，见图 4−7。

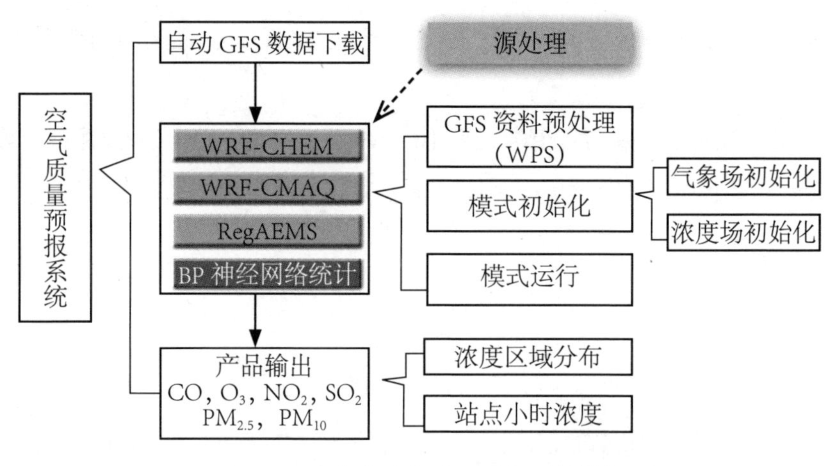


图 4-7　南京市空气质量预报系统构架

## 一、模式简介

目前，南京市空气质量数值预报是基于 WRF-Chem 模式进行预报。

## 二、预报时间设置

预报系统分为气象场数据自动下载、排放源处理、模式预报和产品输出等四个部分，其中模式预报又分为 GFS 资料预处理、WRF-Chem 初始化和 WRF-Chem 运行等三个步骤。

考虑到模式积分的稳定性，每天预报模式设置的时间为 96 小时，其中从前一天 20 时开始到当日 12 时的 16 个小时为预积分时段，而从当日 12 时开始之后的 24 小时为当日的 24 小时空气质量预报时间，依此类推 48 小时预报。这样经过预积分时段充分调整，保证模式在正式积分时段有良好表现，见图 4-8。

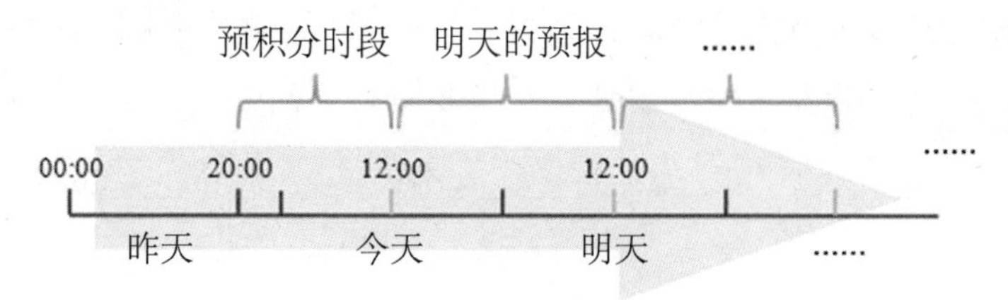


图 4-8　预报时间设置

## 三、运行环境

硬件为高性能刀片式服务器，多个节点并行计算，各节点通过千兆交换机相连，配有 RedHat Linux 系统、ifort 编译器、PGI 编译器、NetCDF 及 MPICH 等软件。系统每天从晚上 20:00 开始自动运行，模式计算时间约 6 小时。

## 四、模式范围设置

网格中心点设为南京，水平网格为 4 层区域嵌套，最外层第一区域覆盖东亚地区，网格分辨率为 81 公里，水平网格格点数 88×75；第二区域为中国东南及沿海地区，网格分辨率为 27 公里，水平网格格点数 85×70；第三区域为长三角地区，网格分辨率为 9 公里，水平网格格点数 70×64；最内层第四区域为南京行政区，网格分辨率为 3 公里，水平网格格点数 55×61。垂直方向分为 24 层，模式顶为 100hpa。采用 RADM2 化学机制和 MADE/SORGAM 气溶胶机制。采用 D.V. Street 2006 年人为源排放清单和南京 2012 年排放清单。

## 五、预报产品

预报时效为 48 小时，也可达 72 小时，水平分辨率达到 1 ～ 3 千米，包括 $SO_2$、$NO_2$、$PM_{10}$、$PM_{2.5}$、CO、$O_3$ 的小时地面浓度，空气质量指数，空气质量等级的预报结果及其空间分布。

目前，WRF−Chem 数值预报结果通过南京市青奥会环境空气质量保障决策支持系统进行集成、调用和展示，可显示长三角区域及南京市各项污染物预报浓度区域分布及动态变化，也可显示各测点及建成区未来 3 天的 AQI 预报结果及各污染物指标小时浓度预报变化趋势，见图 4−9。

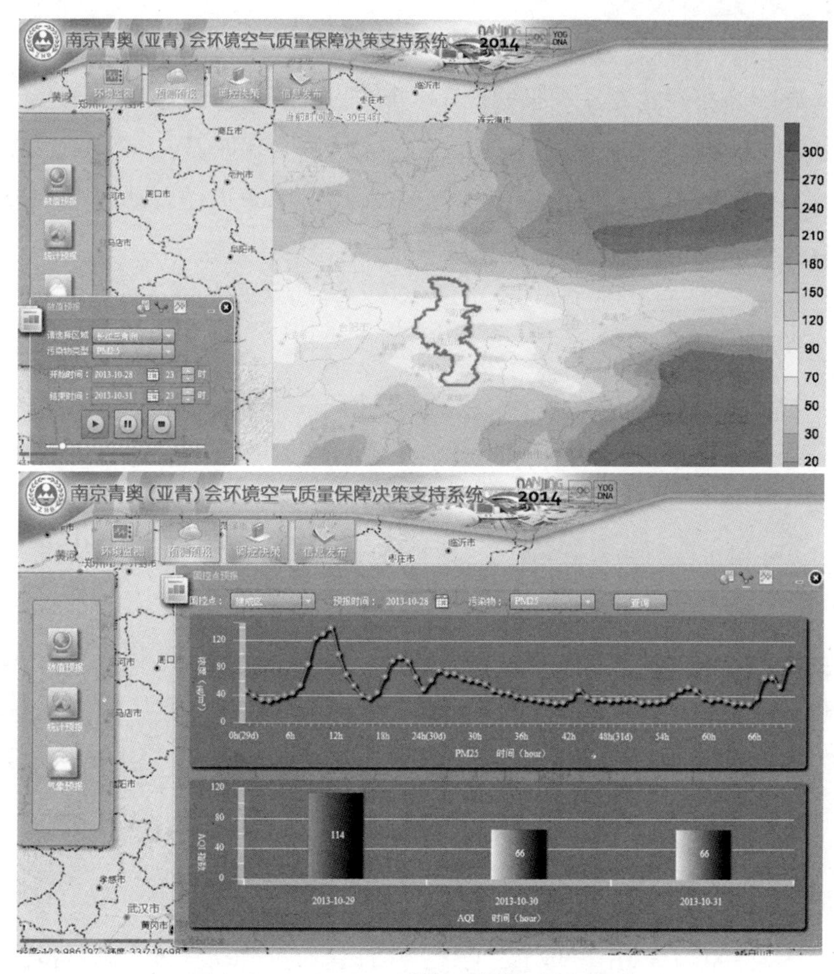


图 4—9 WRF—Chem 数值预报模式结果展示

## 参考文献

王自发，谢付莹，王喜全，等．嵌套网格空气质量预报模式系统的发展与应用．大气科学，2006，30（5）．

# 第五章　基于环境空气质量数值模式的集合预报技术

## 第一节　集合预报技术简介

在环境空气质量数值预报中，数值模式的基础输入数据（气象场、排放源、下垫面资料等）、理化参数方案（平流扩散过程、干湿清除过程、多相态化学过程、气溶胶理化过程等）和数值计算方法（偏微分方程求解等）中均可能在不同程度上引入不确定性，单一模式预报不可避免地存在不确定误差。研究表明，引入基于数学统计方法的集合预报技术一定程度内可以有效改进模式预报效果，提高预报性能（Mallet et al.，2006；王自发等，2009）。集合预报技术在气象、海洋等业务预报领域的应用较为普遍，已成为环境空气质量数值预报的发展趋势。

集合预报技术主要基于复杂的三维环境空气质量数值模式，通过构建产生多个具有差异预报样本，利用多元回归、神经网络等数学方法产生最优确定性预报结果，并且可同时提供污染发生概率预报，为环境空气质量预报预警和污染控制决策支持提供更为丰富的预报信息。

环境空气质量的集合预报主要包括多数值模式集合预报和蒙特卡洛随机集合预报两大类，前者通过同时运行不同的环境空气质量模式产生多个差异预报样本，后者通过对气象场、排放源和关键模式参数进行扰动产生多个包含模式不确定性的更为复杂的差异预报样本。目前，多数值模式集合预报已成功应用在北京奥运会、上海世博会和广州亚运会等大型赛事活动的空气质量保障工作中。而蒙特卡洛随机集合预报对计算资源的要求更高，随着计算机硬件水平的飞速发展，在不远的未来也将有望投入空气质量预报预警业务实践。

## 第二节　多数值模式集合预报的技术流程

### 一、环境空气质量模式的选择

针对预报区域，选择能较为完整反映环境空气污染物的排放、平流扩散、干湿沉降、化学反应等理化过程的第三代环境空气质量模式作为集合预报的成员，如中科院大气物理所的 NAQPMS 模式、美国的 Models-3/CMAQ 模式、CAMx 模式、WRF-chem 模式等。选择的环境空气质量数值模式通常不少于 3 个。每个环境空气质量模式在纳入集合预报体系前，首先应该针对所关注区域进行预报性能的系统评估，模式性能达到标准后可进行集成。在计算资源允许情况下，纳入更多、更先进的环境空气质量数值模式，可以增加集合预报样本的代表性，就更可能有效提高集合预报总体效果。不同的环境空气质量模式通常采用统一的区域设置方案，以便于模式数据的集成、处理、展示和发布。

### 二、气象场和排放源数据的输入

气象场和排放源是环境空气质量数值模式最为关键的基础数据。构建多数值模式集合预报系统时，应当选择目前已成功应用的中尺度气象模式，如美国的 WRF 模式和 MM5 模式等，为环境空气质量数值模式提供动态气象场预报场。由于模式计算的坐标系、理化方案不同，各个环境空气质量数值模式通常集成各自的气象数据接口模块，以满足化学传输核心模块的格式需求。中尺度气象模式输出结果的时间分辨率一般设为 1 小时。

针对环境空气质量数值模式中不同化学机制，应当建立包括 $SO_2$、$NO_x$、CO、$NH_3$、BC、OC、 $PM_{10}$、$PM_{2.5}$、VOCs 等污染物种的高时空分辨率的三维网格化排放源数据。对于区域和城市尺度的环境空气质量预报，排放源文件网格的水平格距一般不低于 5km × 5km，并且能够反映各类污染源的季节变化、月变化、日变化和小时变化等时间特征。

### 三、集合预报硬件平台的搭建

多数值模式集合预报需要较高的计算机硬件支持。硬件平台通常采用计算机集群构架方式，采用并行方式将计算任务分散到多个 CPU 核心以缩短计算时间；软件平台可采用多节点 MPICH/MVAPICH 并行软件库，提高运算效率。同时利用 Infiniband 高效计算网络，缩短网络延迟。硬件平台性能一般应满足数值模式总计算时间不长于 8 小时的要求。

### 四、集合预报自动运行的实现

基于 Linux 下 CSH 或 BASH 脚本语言，编写自动运行控制脚本体系，可实现基础数据定时下载、中尺度气象模式运行、排放源处理模块运行、环境空气质量数值模式运行和集合预报后处理模块运行。

## 第三节　上海市环境空气质量多数值模式集合预报应用

数值预报的不确定性主要来源于大气初始状态的不确定性和预报模式本身，如侧边界条件、各种参数化方案等的不确定性。大气运动的非线性特征决定了无论来自初始场还是来自模式本身的极小误差，在模式积分过程中都将被放大，导致模式在一定时间后失去可预报性。基于大气的这一混沌性特征，产生了集合预报的构思和方法。现在集合预报方法已成为提高数值预报准确率的重要工具，代表了数值预报的发展方向。

随着计算机条件的改善和数值模式的发展，集合预报技术在近几年取得了一些重大进展，其中最显著的是从单纯的初值问题延伸到模式的物理不确定性问题，进而发展了多模式集合预报技术。多模式集合预报技术的发展，避免了单一模式中由于改变参数化方案而改变模式最佳表现状态的问题。这一方法可以同时使用两个或两个以上的模式，将其集合预报的值汇成一个确定性的结果，称为超级集合（Super-Ensemble）预报，利用多个模式的输出结果，结合这些模式过去的性能对其预报进行统计订正，以获得最好的决定性预报。目前集合模式预报技术已在北京、上海等地开展了长期业务应用，取得了一系列的研究进展。

上海自 2013 年 9 月 1 日起向公众每天发布空气质量（AQI）预报，这对上海市环境监测中心的预报工作的要求又上了一个新的台阶。为了更好地做好预报工作，从技术层面提高预报的综合实力，面对 AQI 新增的几项因子，尤其是 $PM_{2.5}$ 和 $O_3$ 等大气复合污染关键性的污染物，上海市环境监测中心预报业务平台将超级站的诸多因子集成到预报的影响因素中，以辅助污染过程成因的判断。同时，预报平台当中还集成了模式的相关输出产品，以及一些从各方的平台上下载的气象和观测资料，辅助预报员对下一时间段内污染过程的走势进行判断。

其中，超级站的诸多产品对于集合预报的辅助效果尤为明显。如激光云高仪和激光雷达等反映垂直方向气溶胶光学特征的仪器，可以直观地反映边界层的高度，可以对颗粒物的日变化，尤其是秋冬季节凌晨高浓度 $PM_{2.5}$ 的形成的促进机制进行很好的诠释；同时，这些产品对于垂直方向上的输送，尤其是高浓度 $PM_{10}$ 时，高空沙尘或者浮尘向近地面的输送机制有很好的辅助判断效果。在线离子色谱和在线 EC/OC 等反映气溶胶组分的仪器输出结果，对于一些高浓度 $PM_{2.5}$ 污染过程的成因问题，是硫酸盐主导型还是硝酸盐主导型、生物质燃烧还是燃煤排放，都能做出比较明确的解释。

以全国空气质量实时发布平台污染物浓度数据为基础，结合中尺度气象模式输出的气象参数形成的气象场和污染物浓度叠加的动态图片，可作为更宏观的尺度观察颗粒物的累积、传输、扩散；结合后向轨迹的图片，还可对于静稳条件下区域雾霾的形成、冷空气南下过程中污染物的传输和扩散、沙尘暴的传输等问题都能做到直观的反映。

## 第四节　蒙特卡洛随机集合预报的技术流程

### 一、集合预报技术流程

多模式集合预报侧重考虑模式在物理参数化和数值计算上的不确定性，蒙特卡洛集合预报侧重考虑模式输入数据上的不确定性。对空气质量预报来说，排放源、气象场等输入数据的不确定性对空气质量预报具有非常重要的影响，将其不确定性考虑进来能大大提高集合预报的性能。蒙特卡洛集合预报的主要思路是采用有限集合样本的集合预报来代替一个模式成员的单一预报，是 Leith（1974）在 Epstein（1969）随机动力预报基础上提出的。蒙特卡洛集合预报能提供考虑模式输入数据不同误差情形下的预报结果，基于这些具有差异的集合预报结果和合适的集成预报方法，可以有效提高空气污染预报的精度，同时还可以了解预报结果的不确定性信息。其局限性在于需要运行空气质量模式多次，对计算资源要求较高。图 5–1 给出了蒙特卡洛随机集合预报的技术流程。

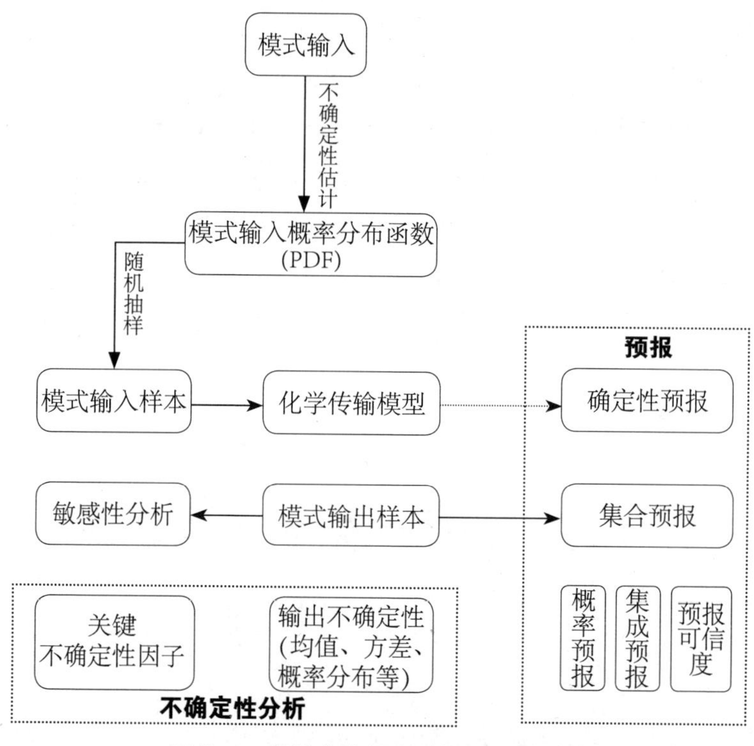


图 5–1　蒙特卡洛集合预报制作流程图

1. 影响预报误差的输入数据的选择

蒙特卡洛集合预报基于一个或多个空气质量模式构建，应选择较为完整反映大气污染物理化学过程的第三代环境空气质量模式作为基准模式。构建集合预报前，需首先分析基准模式对当地大气污染预报的误差特征，评估模式排放源、气象场、关键参数（如沉降系数）等输入数据的不确定性，通过文献调研、专家咨询以及误差分析等方法估算出输入数据的误差范围及其概率分布特征（平均值、方差等）。在此基础上，采用敏感性分析、不确定性分析等方法（Hanna et al.，1998；林彩燕等，2009；唐晓等，2010a）评估各输入数据不确定性对模式预报误差的影响，从中选取出对预报误差影响最大的关键输入数据，确定影响模式预报性能的关键因子。

2. 选定输入数据的随机扰动

通过蒙特卡洛随机模拟来反映上述关键因子不确定性对预报结果影响

是蒙特卡洛集合预报的核心。首先选定关键因子（如排放源）的误差范围及其概率分布特征，利用随机抽样法抽取一系列独立的误差样本，抽取的误差样本可以根据计算资源来决定，为了体现误差样本的代表性，建议样本数不低于 10 个。随机抽样方法可采用简单随机抽样、拉丁超立方抽样等方法（Macay et al.，1979；Helton et al.，2003）。然后，利用生成的误差样本对关键因子的基准值或初始值进行扰动（初始值叠加误差值），即获得一组包含误差信息的关键因子集合样本值，进而将集合样本值逐个输入空气质量预报模式中，一个输入样本通过模拟产生一个集合成员的预报结果。如果是 10 个样本，就可生成包含 10 个预报成员的集合预报结果。

3. 蒙特卡洛集合预报的构建

集合预报结果包含丰富的预报信息，各集合成员的预报结果是考虑了关键因子各种误差情形下的预报结果，预报结果的差异也反映了模式关键因子不确定性可能导致的预报不确定性。在集合成员的预报结果的基础上，可制作空气质量的确定性预报、概率预报等预报产品。已有研究表明（如：Mallet et al.，2009；唐晓等，2010b），结合观测资料对集合成员的预报结果进行有效集成，可以提高空气质量预报的预报精度。对集合预报结果进行集成，需要选取集成预报模型，常见有多元回归和神经网络模型，并将过去一段时间（训练时间）内各集合成员的预报数据和观测数据输入集成预报模型中，通过计算获得训练时段内集成预报模型的参数值（如回归模型的回归系数），从而在下一次预报时利用集成预报模型对集合预报结果进行集成，获得空气质量的确定性预报结果。应用集成预报模型时，建议针对不同地点、不同污染物分开进行集成训练和预报，选取能获得最佳预报效果的训练时间长度。

## 二、集合预报产品

图 5–2 和图 5–3 是蒙特卡洛集合预报的两种预报产品示例。图 5–2 是针对某个站点的某种污染物提供集合预报结果，反映未来污染物浓度整体时间变化趋势、可能的变化范围以及最优确定性预报值。图 5–3 是基于

空气质量指数的分级标准，对集合预报成员进行统计分类，计算集合预报样本落在不同等级空气污染区间的几率，估算出不同等级空气污染时间发生的概率。

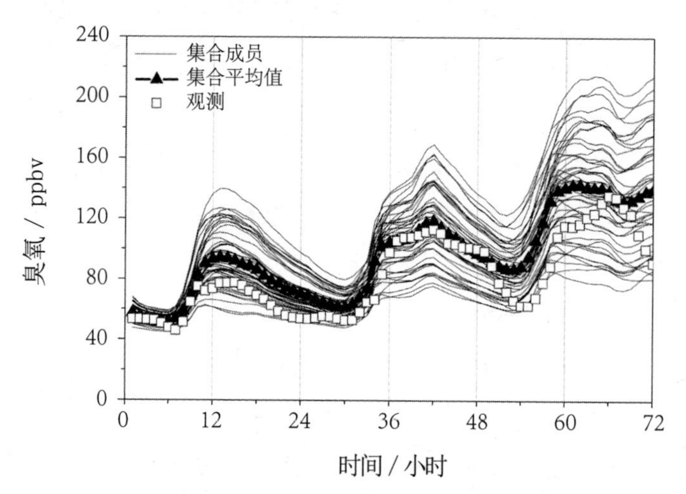


**图 5–2　集合预报成员（黑线）、集合平均预报（黑线加实心三角形）和污染物浓度观测值（正方形）时间序列**

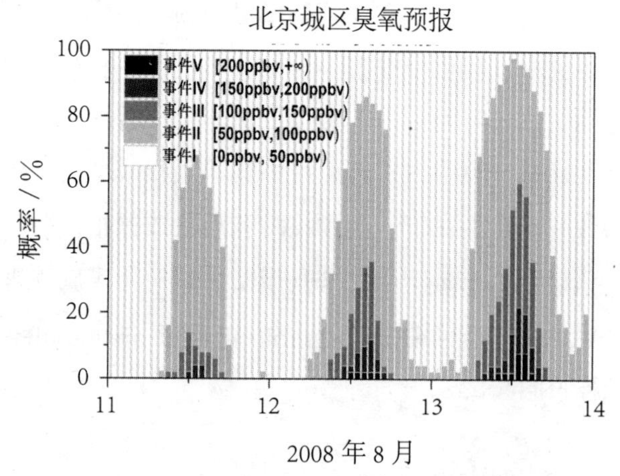


**图 5–3　不同等级污染事件发生概率预报**
**（不同颜色柱的长度对应污染事件发生概率大小）**

# 参考文献


[1] Epstein E S. Stochastic Dynamic Prediction. Tellus, 1969, 21 (6) : 739-759.

[2] Hanna S R, Chang J C, Fernau M E. Monte Carlo estimates of uncertainties in predictions by a photochemical grid model (UAM-IV) due to uncertainties in input variables. Atmos. Environ., 1998, 32: 3619-3628.

[3] Helton J C, Davis F J. Latin hypercube sampling and the propagation of uncertainty in analyses of complex systems. Reliab. Eng. Syst. Safe., 2003, 81: 23-69.

[4] Leith C E. Theoretical Skill of Monte-Carlo Forecasts. Monthly Weather Review, 1974, 102 (6) : 409-418.

[5] 李泽椿，陈德辉．国家气象中心集合数值预报业务系统的发展及应用．应用气象学报，2002, 13: 1-15.

[6] 林彩燕，朱江，王自发．沙尘输送模式的不确定性分析．大气科学，2009, 33: 232-240.

[7] Macay M D, Conover W J, Beckman R J. A comparison of three methods for selecting values of input valuables in the analysis of output from a computer code. Technometrics, 1979, 221: 239-245.

[8] Mallet V, Sportisse B. Ensemble-based air quality forecasts: A multi-model approach applied to ozone. Journal of Geo-physical Research-Atmospheres, 2006, 111 (D18) : doi: 10.1029/2005JD006675.

[9] Mallet V, Stoltz G, Mauricette B. Ozone ensemble forecast with machine learning algorithms. Journal of Geophysical Re-search-Atmospheres, 2009, 114: doi: 10.1029/2008JD009978.

[10] 唐晓，王自发，朱江，等．蒙特卡洛不确定性分析在臭氧模拟中的初步应用．气候与环境研究，2010，15（5）：541–550.

[11] 唐晓，王自发，朱江，等．北京地面臭氧的集合预报试验．气候与环境研究，2010，15（5）：677–684.

[12] Toth Z，Kalnay E. Ensemble forecasting at NCEP and the breeding method. Monthly Weather Review，1997，125（12）：3297–3319.

[13] 王自发，吴其重，Alex Gbaguidi，等．北京空气质量多模式集成预报系统的建立及初步应用．南京信息工程大学学报（自然科学版），2009，1（1）：19–26.

# 第六章　公共信息服务

## 第一节　预报公共信息发布

及时发布环境空气质量预报信息，满足公众环境知情权，是积极实施《大气污染防治行动计划》的重要环节，这不仅能为日常出行提供健康指引，最大限度地降低污染天气对人体健康的影响，而且公众对预报信息的使用体会等互动过程，可以为预报信息服务系统功能的完善提供相应的信息反馈。

信息发布应遵循一致性原则，区域、省级和市级的预报预警部门直接参与联合会商，最终在联合会商平台确立一个统一的、共享的预报结果。

发布内容为未来污染过程发生的时间、影响范围、影响程度等图文信息。

发布方式包括电视、广播、报刊、杂志、网站、手机媒体、微博、移动电视等。电视适合早晚定时发布空气质量实况、预报等信息，高污染预警为不定时信息，可采用滚动字幕的方式发布。广播除早晚定时发布空气质量实况预报信息外，还可在其他时间多次定时播报空气质量实况。高污染预警可随时插播。报刊杂志时效性不佳，但具有深度和广度的特点，适合发布空气质量专报、公众教育等信息。网站具有成本低、速度快、时效性强、人力投入少等特点，适合发布空气质量实况、变化趋势、常规预报、污染预警、空气质量科普知识等信息，可以使用文字、图表／图片、音频、视频等方式为公众提供服务，是最全面的一种发布方式。手机媒体包括手机软件和手机短信，是人们获取信息最便捷的方式，适合发布空气质量实况、常规预报污染预警信息。微博是一种通过关注机制分享简短实时信息的广播式的社交网络平台，具有时效性强、传播速度快、内容简练等特点。适合定时发布空气质量实况、常规预报和高污染预警等信息。移动电视作为新兴媒体，覆盖了公交、地铁、公共楼宇等场所，它具有覆盖广、反映迅速、移动性强的特点，具备应急信息发布的功能。

## 第二节　预警应急条件下的信息服务

根据各地的具体情况，提出预警的等级，开展空气质量预报预警的一项重要功能，是为应急所需的污染源短期应急措施提出有效的参考建议。

短期应急措施可分为建议性措施和强制性措施（Rule 701，1977）。其中建议性措施既包括对公众特别是敏感人群（包括慢性肺病或哮喘病患者，老年人，慢性病人，正在运动的成年人和儿童以及感受到任何影响的健康人等）的出行和各类社会活动提出健康提示，也包括对个人或单位提出短期减排措施建议。重污染天的健康提示可包括如下措施：

(1) 在重污染日应避免剧烈的户外体力活动（如跑步、球类活动等）。儿童和青少年应限制户外活动。如果必须外出时，要避开正在产生污染物的交通拥堵地区；

(2) 避免气溶胶、尘埃、烟气和其他刺激剂。减少会刺激鼻子、眼睛和肺脏的烹调、业余爱好或清扫之类的活动；

(3) 臭氧浓度上升会引起症状发作或症状加重（如咳嗽、气喘、多痰、呼吸短促、头疼、胸部不适和疼痛等），敏感人群应提前做好准备。

此外，还可提出建议性短期减排措施，如①建议停止露天焚烧工业废水（液）、生活垃圾、植被或任何形式的垃圾；②建议机动车减少出行量。

当出现极端严重污染时，仅建议性措施可能不能有效地满足保护公众健康的目的，需要对预先列入“减排方案”的重点污染源依照警示等级执行强制性减排措施，各地采取的减排措施主要包括：

（1）要求工厂使用低灰含量和低硫含量的燃料；

（2）限制炉膛清洁和烟尘清除等工作的时间；

（3）减少生产过程的热量需求；

（4）缩减、推迟、延期生产以减少生产过程中排放的空气污染物；

（5）推迟产生颗粒物、气体、水蒸气或恶臭物质的垃圾处理操作；

（6）限制机动车出行。

## 第三节　上海市环境监测中心预报预警信息发布实例

### 一、空气宝宝

上海空气质量实时发布系统用空气宝宝来表示污染程度，空气宝宝的不同表情和发色代表不同的污染等级，网站的背景图片颜色也会随着污染等级而变化，见图 6-1。

优（AQI: 0~50）

良（AQI: 51~100）

轻度污染（AQI: 101~150）

中度污染（AQI: 151~200）

重度污染（AQI: 201~300）

严度污染（AQI: 301~500）

**图 6–1　空气宝宝**

## 二、实景图片

考虑到空气污染与公众的视觉感受比较贴近，为帮助公众更直观地“感知”当前的空气质量状况，上海空气质量实时发布网站还发布了外滩地区的实景照片，可查看过去 24 小时每个整点的实景照片，便于市民从感观上直接判断当前的雾霾污染状况，见图 6–2。

图 6–2　外滩实景照片

## 三、手机发布软件

为便于公众随时随地了解空气质量信息，上海市特别推出了空气质量手机发布软件。公众可以免费下载（提供 Android 系统和 ios 系统客户端），并附相应的安装说明，见图 6–3。

图 6–3　上海空气质量手机下载页面

## 四、微博发布

新浪网、腾讯网、东方网、新民网四大微博平台“上海环境”官方微博每天发布 2 ~ 4 次（7:00、10:00、14:00、17:00），包括文字和图片，如图 6–4 和图 6–5 所示。

图 6–4　上海市空气质量发布微博

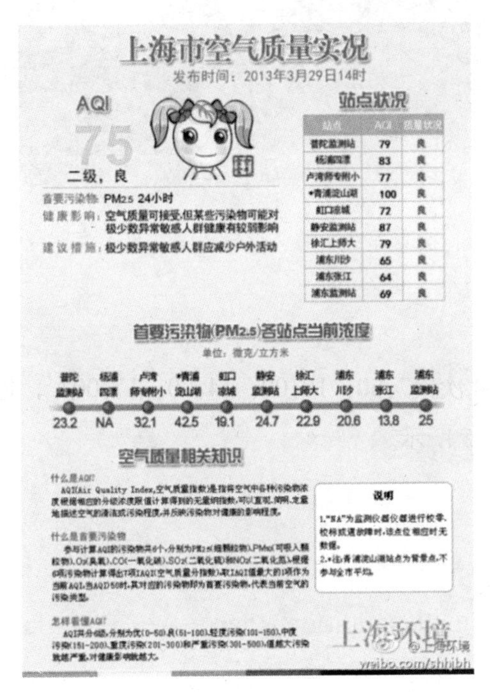

上海市空气质量实况

发布时间：2013年3月29日14时

AQI 75

二级，良

首要污染物：PM2.5 24小时

健康影响：空气质量可接受，但某些污染物可能对极少数异常敏感人群健康有较弱影响

建议措施：极少数异常敏感人群应减少户外活动

站点状况

| 站点 | AQI | 质量状况 |
| --- | --- | --- |
| 普陀监测站 | 79 | 良 |
| 杨浦四漂 | 83 | 良 |
| 卢湾师专附小 | 77 | 良 |
| •青浦淀山湖 | 100 | 良 |
| 虹口凉城 | 72 | 良 |
| 静安监测站 | 87 | 良 |
| 徐汇上师大 | 79 | 良 |
| 浦东川沙 | 65 | 良 |
| 浦东张江 | 64 | 良 |
| 浦东监测站 | 69 | 良 |

首要污染物(PM2.5)各站点当前浓度

单位：微克/立方米

| 普陀监测站 | 杨浦四漂 | 卢湾师专附小 | •青浦淀山湖 | 虹口凉城 | 静安监测站 | 徐汇上师大 | 浦东川沙 | 浦东张江 | 浦东监测站 |
| --- | --- | --- | --- | --- | --- | --- | --- | --- | --- |
| 23.2 | NA | 32.1 | 42.5 | 19.1 | 24.7 | 22.9 | 20.6 | 13.8 | 25 |

空气质量相关知识

什么是AQI?

什么是首要污染物

怎样看懂AQI?

说明

1."NA"为监测仪器仪器进行校零、校标或退故障时，该点位相应时无数据。

2.•注：青浦淀山湖站点为背景点，不参与全市平均。

上海环境 @上海环境 weibo.com/shhjbh

图 6–5　上海市空气质量状况微博发布内容

## 五、电视电台发布

上海卫视新闻综合频道每天7点早新闻、12点午新闻、18:30新闻报道、21:30新闻夜线播出四次最新正点实时数据；上海人民广播电台、东方广播电台每天随新闻栏目多次播报最新空气质量信息，见图6–6。

图6–6　新闻综合频道7点早新闻发布上海市空气质量

# 参考文献

Rule 701：Air pollution emergency actions. SCAQMD. North Carolina State Implementation Plan，Air Pollution Emergencies，1977.

# 第七章　污染来源追因技术服务

## 第一节　数值预报污染来源追因技术

空气质量数值预报污染来源追因技术是空气质量预报预警的重要组成部分，是制定大气污染应急控制策略的基础。根据《大气污染防治行动计划》"加强灰霾、臭氧的形成机理、来源解析、迁移规律和监测预警等研究，为污染治理提供科学支撑"的要求，开展数值预报污染源追因是为了能够准确筛选、甄别贡献污染源，是从初始阶段有效控制污染物不可缺少的环节。

污染来源追因的目的包括：应用污染源识别与追踪技术，确定影响灰霾的重点地区和重点行业污染源；预报未来时段特别是污染预警期间，不同地区、不同行业对目标地区大气污染物浓度的贡献（分担率）；掌握某区域及周边地区污染物跨界扩散与迁移规律、路径和相互影响程度。

总之，数值预报污染来源追因是通过识别大气污染来源和污染贡献，评判区域污染物的跨界输送及不同地区和城市对污染的贡献，为管理部门建立极端污染天气条件下的应急预案和响应机制、及时采取控制措施提供参考建议，如控制大型污染源排放、进行交通管制等，从而为环保及管理部门核实污染减排效果、应对污染天气和区域大气污染联防联控提供技术支持。

### 一、空气质量数值预报污染源追因技术介绍

空气质量数值预报污染源追因技术是通过不同尺度空气质量数值模

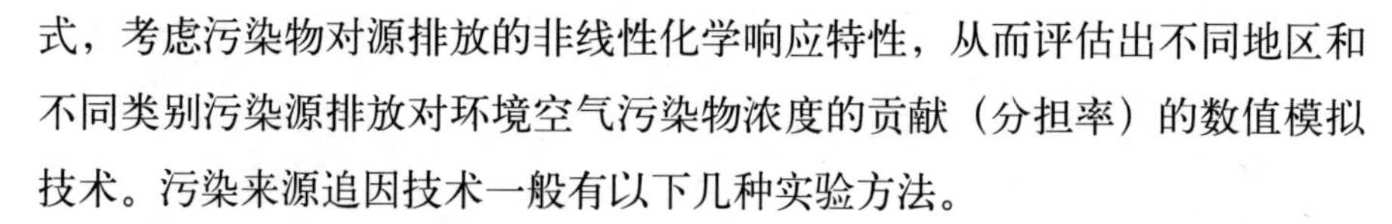

式，考虑污染物对源排放的非线性化学响应特性，从而评估出不同地区和不同类别污染源排放对环境空气污染物浓度的贡献（分担率）的数值模拟技术。污染来源追因技术一般有以下几种实验方法。

**1. 敏感性实验方法**

（1）强力法

主要原理是通过对目标源进行削减来判断其对目标地区的贡献。具体做法为：将目标源排放进行一定比例的削减，重新运行空气质量数值模式，将输出结果与模式基准条件下的结果进行比较，进而获取目标地区目标源对目标地区目标污染物的贡献。该方法概念简单，容易实现（Dunker et al.，2002a），但其缺点为：计算量依赖于设计情景，在研究我国不同地区不同行业等通过区域输送的相互影响时，需要每类排放源做一次模拟，计算量较大，难以满足实时预报预警要求；计算结果易受数值计算误差的影响。

（2）归零法

归零法与强力法原理类似。不同的是强力法只改变一定比例的排放源，而归零法则将目标源设定为零。此方法也需要对每类排放源做一次模拟，计算量大（Streets et al.,2007）。另外，其结果更易受到污染物特别是二次污染物（臭氧和细颗粒物）非线性化学过程导致的污染物对源排放非线性化学响应的影响，难以保证质量守恒，与实际情况有偏差（所有计算的所有污染源贡献之和不等于污染物的浓度），更适用于一次污染物（如二氧化硫和一次颗粒物）等线性系统，而非二次污染物（臭氧和无机盐等二次颗粒物）。

（3）直接解耦法

该方法能够得到强力法类似的敏感性分析结果，不同的是该方法直接耦合到空气质量数值模式中（Dunker et al.，2002b）。该方法具有较高的计算效率，缺点是难以植入空气质量数值模式，并需要较大的计算内存。另外，该方法对二次污染物等非线性化学过程较强的污染物种的模拟与实际情况有误差，难以保证质量守恒。

### 2. 源示踪法

源示踪法以示踪的方式获取有关污染物及前体物生成（或排放）和消耗的信息，并统计不同地区、不同种类的污染源排放以及初始条件和边界条件对污染物生成的贡献（Yarwood,et al.,1996;Kleeman and Cass, 2001；Li et al., 2008；李杰等，2010）。基于示踪物的计算方法，可以得到每个标识来源的贡献情况，同时保证污染物质量守恒（所有污染源贡献之和等于污染源浓度）。

与敏感性实验方法相比，源示踪法更适合解析二次污染物（臭氧、硫酸盐、硝酸盐、铵盐、二次有机气溶胶等）的来源。研究显示，受到二次污染物对其前体物排放源的非线性响应的影响，敏感性分析方法低估了目标污染源对二次污染物（如臭氧）的实际贡献，其幅度全球平均为 40%，在我国东部为 10% ~ 20%。

在预报污染物来源类型等方面，源示踪法可以实现针对不同地区、不同污染物在不同时间的排放对未来空气质量的影响。敏感性实验方法则只能解析不同地区不同类型污染源的贡献，难以对污染源的排放时间进行解析。图 7-1 和图 7-2 展示了源示踪方法针对上海 2010 年夏季大气细颗粒物主要成分的空间和时间解析结果。

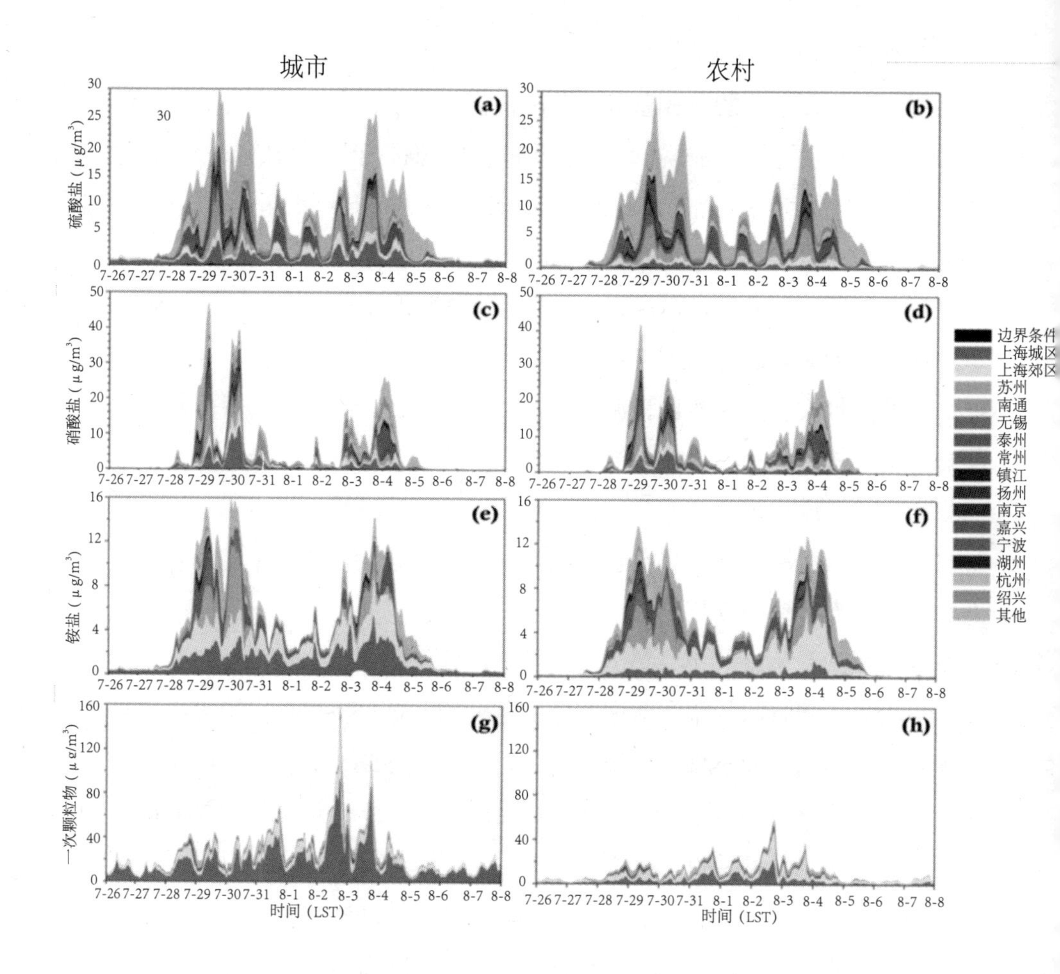


**每种颜色代表一个标识地区源排放的贡献**

**图 7–1　不同地区污染源排放对上海城区（左列）和郊区（右列）二次颗粒物（a ~ f）以及一次颗粒物（g 和 h）的贡献浓度**

在计算能力要求等方面，源示踪法可以一次模拟获得不同地区、不同类型排放源对目标点污染物浓度的贡献率及各地区间相互输送量。不需要针对目标污染源进行多次模拟，可以极大节省计算时间，满足空气质量预报预警要求。

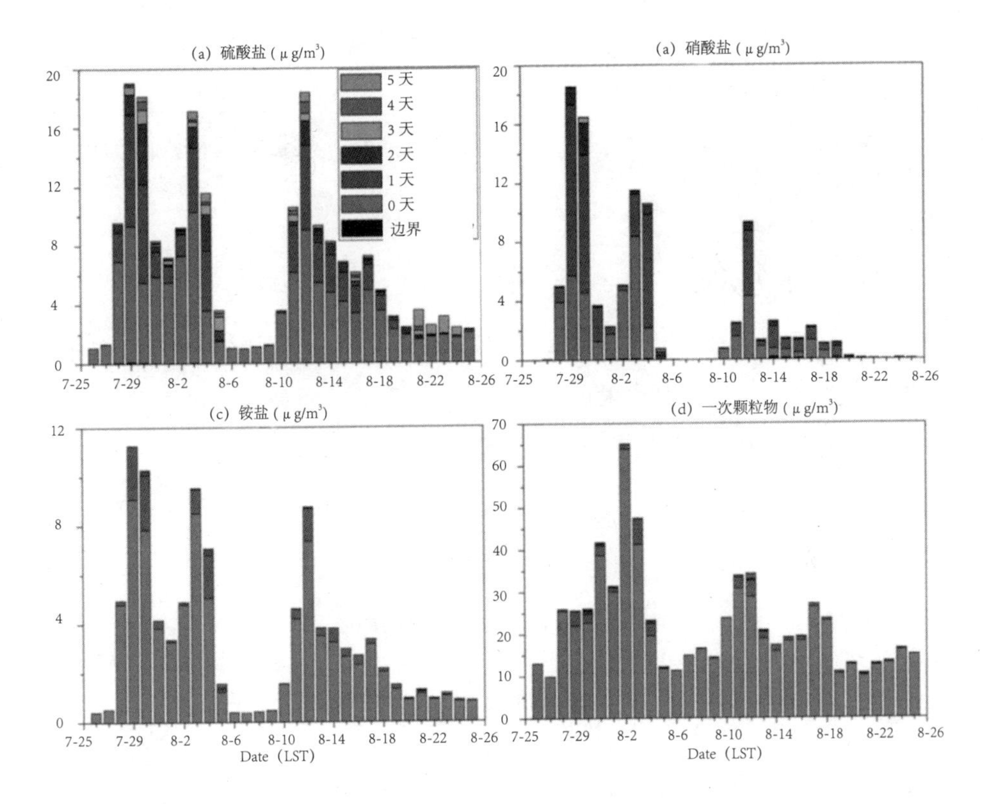


注：其中 0 天表示当天源排放的贡献浓度，1 天表示一天前源排放对当天的浓度贡献，2 天表示两天前源排放对当天的浓度贡献，依此类推。

**图 7–2　各时段源排放对上海城区的日平均贡献浓度**

## 二、空气质量数值预报污染源追因技术需求

在开展数值预报污染源追因研究时，根据以上介绍的实验方法，需要一些必要的基础资料，按照不同方法包括：

### 1. 敏感性实验方法

全球气象再分析数据、中尺度气象模式、地形数据、下垫面类型数据、土地利用数据、人口数据。空气质量数值模式，模拟范围内不同行业、不同地区污染源的位置、排放强度（不同污染物：氮氧化物、二氧化硫、包括黑炭和有机物在内的一次颗粒物、挥发性有机物）（包括月变化）。模

拟区域内不同地区的唯一编码，全国不同地区的编码参见附录。

2. 源示踪法

在敏感性实验方法的基础上，增加耦合入空气质量数值模式的污染物来源解析模块。

### 三、补充说明

本书提到质量守恒指的是：所有污染源对目标地区污染物浓度的贡献之和应该等于基准情况预报预测的污染物浓度。如不相等，则为不守恒，可能会对应急措施的制定和评估带来误差。

## 第二节　后向轨迹和方位贡献分析技术

### 一、空气轨迹和方位贡献分析方法

1. 方法简介

气流轨迹模式作为一种直观了解大气中气团或粒子运动轨迹的方法，广泛应用于大气污染物传输研究。

把空气中无穷小的粒子的运行路径定义为空气轨迹最早是由 Dutton 在 1986 年提出，以某一点为坐标，粒子向前运行路径称为前向轨迹，来自该点的粒子运行路径称为后向轨迹，常用于解释较长时期内个别气流的运动状态（Dutton，1986）。对多条轨迹统计分析方法是近十年来发展起来的，关于轨迹计算的精确性和局限性方面的研究也比较多（Stohl，1998；Stunder，1996；Kahl，1996），得出共同结论是单条轨迹计算的精确性主要受气象观测的时间和分辨率、观测误差、分析误差和在轨迹模型中运用任何简单化的假想等因素影响。在克服这些问题的基础上，结合多条轨迹分析就能说清楚一定时期内某一污染物的特征状况，分析大气中污染物的传输路径及对某一点的贡献率。

2. HYSPLIT 4.8 轨迹模式简介

以美国海洋与大气研究中心（NOAA）环境空气资源实验室 ARL（Air Resources Laboratory）开发的混合单粒子拉格朗日积分传输、扩散模式 HYSPLIT 4.8（2008 年 2 月更新）为例，该模式属于欧拉系统和拉格朗日系统的混合模式。

HYSPLIT 模式的发展已有 20 多年的历史，经历了多个发展阶段，最初由 Draxler 和 Taylor 开发于 1982 年，当时的版本只能使用探空观测资料，对扩散过程的处理采用非常简单的假定：认为白天的混合为一常值，夜晚则没有扩散混合。随后的版本由 Draxle 和 Stunder 开发于 1988 年，对扩散混合过程的处理作了进一步改进，可以随风温廓线的不同而有时空变化。1990 年，HYSPLIT 3 推出，气象资料的输入由原来使用探空资料改进为使用气象格点资料，既可以使用大尺度再分析资料，也可以应用短期数值天气预报模式的输出气象场来计算气流轨迹（Draxler et al，1997）。到目前为止，该模式的版本已经发展到 4.8。

HYSPLIT 4.8 是一种拉格朗日—欧拉混合计算模式。其平流和扩散计算采用拉格朗日方法，而浓度计算则采用欧拉方法，即采用拉格朗日方法以可变网格定义污染源，分别进行平流和扩散计算；采用欧拉方法在固定网格点上计算污染物的浓度。这是因为城市污染源的几何尺度较小，排出污染源后，污染物气团的体积较小，不易被较粗网格的欧拉系捕捉，而太细的网格则造成浪费；但是当经过一段时间的扩散后，污染物气团迅速变大，可以被一定的欧拉系识别，此时再采用拉格朗日系描述同样也会浪费时间。所以采用拉格朗日—欧拉混合求解法，以较少的计算时间取得较高精度的计算结果。

模式采用地形 $\sigma$ 坐标，即地形随动坐标系。

$$\sigma = (Z_{top} - Z_{mol}) / (Z_{top} - Z_{gl})$$

式中，所有的高度均为海拔高度，$Z_{top}$ 为模式顶高，$Z_{mol}$ 为模式垂直层次的高度，$Z_{gl}$ 为地面高度。模式的内部高度层可以以任意间距指定，定义指数 $k$ 为模式由下而上的垂直层次，则高度（$Z$）与模式层之间满足二次函数关系式：

$$Z=ak^2+bk+c$$

式中，$a$=30，$b$=−25，$c$=5 使用这样的函数关系可以保证低层有较高的分辨率，如第一层高度为 10m，第二层为 75m，第三层为 200m，…，第 20 层为 11 500m；模式的水平网格系统则根据输入气象场的水平网格来定义。该模式支持包括极地投影、麦卡托投影以及兰伯特投影在内的三种不同投影坐标系的气象场输入，模式中使用通用的投影转换子程序。

模式支持多种不同垂直坐标系统的气象场，包括气压坐标、地形 $-\sigma$ 坐标和气压 $-\sigma$ 混合坐标等。需要的气象变量至少包括：$u$（垂直速度）、$v$（水平风速）、$T$（气温）、$Z$（高度）或 $P$（气压），以及 $P_0$（地面气压）。湿度和垂直速度可选，若要计算可溶性气体或粒子的湿沉降过程则需要降水场，垂直运动的计算则依赖于垂直坐标系的定义。所有输入的气象场首先根据不同的坐标系转换并插值到模式定义的坐标系统，然后模式进一步进行平流或扩散的计算。

模式平流计算中的气团运动轨迹是气团被风传输时移动位置的时间综合。气团被风的被动传输是通过气团初始位置的三维速率向量 $P$（$t$）和它第一猜值位置的三维速率向量 $P'$（$t+\Delta t$）的平均计算得到的。速率向量则分别进行时间和空间内插。第一猜值位置为：

$$P'(t+\Delta t)=P(t)+(Pt)\Delta t$$

最终位置为：

$$P'(t+\Delta t)=P(t)+0.5\left[V(P,t)+V(P't+\Delta t)\right]\Delta t$$

式中，$\Delta t$ 为时间步长，要求 $\Delta t$<0.75 格距 /$U_{max}$，$U_{max}$ 为最大风速，即一个时间步长内气团的移动不超过 0.75 个格距，$U_{max}\Delta t$<0.75。以下各时间步长依此类推，这样，气块的轨迹就为气块在空间和时间上的位置矢量的积分。

轨迹可以在时间上进行前向综合和后向综合。前向轨迹从污染源出发计算轨迹，然后沿轨迹从污染源出发模拟该污染源排放的污染物通过传输扩散过程对计算区域内环境空气污染的影响，再把多个污染源计算的结果进行迭加。由于各个污染源造成的污染浓度分布是分别计算后再迭加的，因此容易用来计算各个污染源关于选定位置空气污染浓度的贡献比例。但也因为污染源是分别计算的，一些非线性过程便难以模拟，所以湿沉降、云雨过程及化学转化等只能通过参数化的形式来表示。后向轨迹模式以选定位置（接受点）为基点，计算气团到达该位置的轨迹，然后沿轨迹计算气团一路上经过哪些污染源，因此受到影响，并经历各种物理化学过程，直到到达该选定位置。后向轨迹模式可以包括复杂的化学反应，也能较清晰地说明各个污染源和受体之间的关系，但不能模拟扩散过程。综合误差的测量可以通过从前向轨迹终点位置计算后向轨迹得到。起始位置和结束位置的差别反映出轨迹的误差大小。在本书中只采用向后模式来计算气流到达监测点的轨迹走向。

关于粒子或气团垂直运动的计算，若输入气象场中已包含垂直速度场，则可直接使用气象资料中的垂直速度来计算垂直运动。若输入气象场中没有垂直速度场，或有其他特别的需求，可以假定污染物的垂直运动是沿着某等值面而算出新的垂直速度，以代替原始资料中的垂直速度来计算垂直运动路径（Draxler et al.，1997）。假定气团沿着等 $\eta$ 面做垂直运动，则这种情况下，在 $\eta$ 面上的垂直速度可表示为：

$$W\eta = \frac{-\frac{\partial \eta}{\partial t} - u\frac{\partial \eta}{\partial x} - v\frac{\partial \eta}{\partial y}}{\frac{\partial \eta}{\partial z}}$$

该式由 $d\eta/dt=0$ 推导而来。其中，由于 $\eta$ 所取变量的不同，可得到不同类型的气流轨迹，如等 $\sigma$ 面（Isosigma）轨迹、等压面（Isobaric）轨迹、等密度面（Isopycnic）轨迹和等熵面轨迹（Isentropic 等位温 $\theta$ 面）等。

由于这些轨迹均为沿某一等值面运动，所以又统称为二维轨迹，以区别于使用实际大气垂直速度计算的三维轨迹。由于数值模式在动力学上比较匹配，直接使用模式计算的垂直速度来计算气流轨迹，要优于根据连续方程从水平风速诊断出的垂直速度来计算气流轨迹的方法，所以本研究中所涉及的气流轨迹计算，均使用三维轨迹的计算方法，即垂直运动的计算使用模式提供的垂直速度场（Draxler et al.，1997）。

该模式在计算过程中也存在一定误差，这和计算所使用的气象数据准确性、模式的水平分辨率以及计算公式有关。本书所使用的气象场资料是美国国家环境预报中心的全球再分析资料，HYSPLIT 4.8 轨迹模式分辨率为 50km × 50km，计算误差为 50 ~ 100km，对大方位的气流轨迹判断影响较小。

## 二、象限分析

为了说明背景区域环境空气中污染物来源和各方向之间的传输关系，可结合气流轨迹数据，采用象限分析方法分析周边地区污染物传输对背景地区的影响。

象限分析方法在以前的研究中有过很好的应用。有学者利用气溶胶离子浓度（元素碳和硫酸根离子）和风向的显著关系，来说明气流轨迹数据能为更多的详细统计分析提供很好的机会。Parekh 等、Bari 等和 Dutkiewicz 等已经采用象限分析法结合痕量元素和硫酸根实测数据，鉴定美国东北部的气溶胶来源（Parekh et al.，1982；Bari et al.，2003；Dutkiewicz et al.，2000）。Khan 等在 2004 年从 Mayville 和 Whiteface 山脉（背景区域）20 年来元素碳和硫酸根实测数据中挑选了 120 个采样均值，结合 NOAA 的 HYSPLIT 和 BAT 模型，采用象限分析法，求出在气流作用的影响下各象限的浓度值，说明了来自污染区域和清洁区域元素碳和硫酸根分别对 Mayville 和 Whiteface 山脉的浓度贡献率（Khan et al.,2004）。

本书的象限分析具体方法如下：

根据 NOAA 的 HYSPLIT 模型轨迹计算结果，把到达背景监测点的气团轨迹，从正东方向开始按逆时针旋转，分配在每隔 45 度的 8 个扇形区域里面，如图 7–3 所示。实测浓度值使用 24 小时采样均值。一天有 1 次 48 小时后向气流轨迹，每条气流轨迹由 48 个点组成，由于气流轨迹运行的分布规律性，将落在某一象限的点数和总的点数进行比较，每一个象限内污染物浓度的贡献就可以通过计算该象限内点数的百分比来估计，我们假设空气轨迹上每个点对污染物浓度的贡献是均等的，则 $SO_2$、$NO_2$ 和 $PM_{10}$ 在某一象限的浓度值可以通过下列公式计算：

$$C_j = \frac{\sum_{i=1}^{N} C_i f_{ij}}{\sum_{i=1}^{N} f_{ij}}$$

式中，$C_i$ 为监测项目的 24 小时实测浓度均值；$i$ 是 24 小时样本序数；$f_{ij}$ 为轨迹点个数出现在某一象限的频率；$N$ 为总样本数；$C_j$ 为在气流传输作用下对一定监测时期内 $j$ 象限 $SO_2$、$NO_2$ 和 $PM_{10}$ 的浓度贡献值。

考虑到部分 $SO_2$、$NO_2$ 和 $PM_{10}$ 源于局地，贡献分配值包含了局地源和外地源。但在背景区域局地值是非常小的，我们可以用这种方法来研究讨论区域背景值浓度，即污染物本地排放的浓度应该是远远低于周边地区各象限传输浓度，局地排放对我们研究区的贡献是非常小的。

为了降低分析过程中的误差，根据文献（Khan et al.，2006）中的偏差公式 % Deviation = $25 \times N_j^{-0.33}$ 来计算。即对某一象限来说，参与计算的样本数量越多，偏差就越小。根据 Khan 等人的研究表明，$N_j$=9，偏差大约为 12%，$N_j$=3，偏差大约为 18%，为了使偏差足够小，必须采用足够大的样本来进行象限分析。因此在本书中使用的最小样本量为 28，将计算偏差降至最低。

通过计算得到各象限浓度之后，为了进一步说明各象限浓度的贡献率，再次引入下列公式：

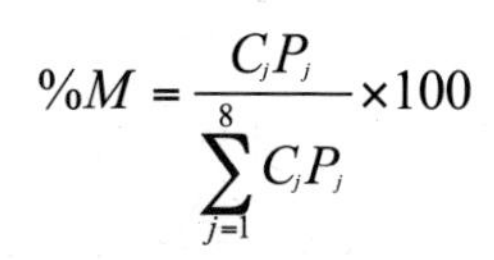

$$\%M=\frac{C_jP_j}{\sum_{j=1}^{8}C_jP_j}\times 100$$

式中，$P_j=\sum_{i=1}^{N}f_{ij}$ 为轨迹点出现在各象限中的频率。$\%M$ 为一定时期在气流作用下来自 $j$ 象限污染物对背景站点位地面环境空气中该污染物的贡献率。

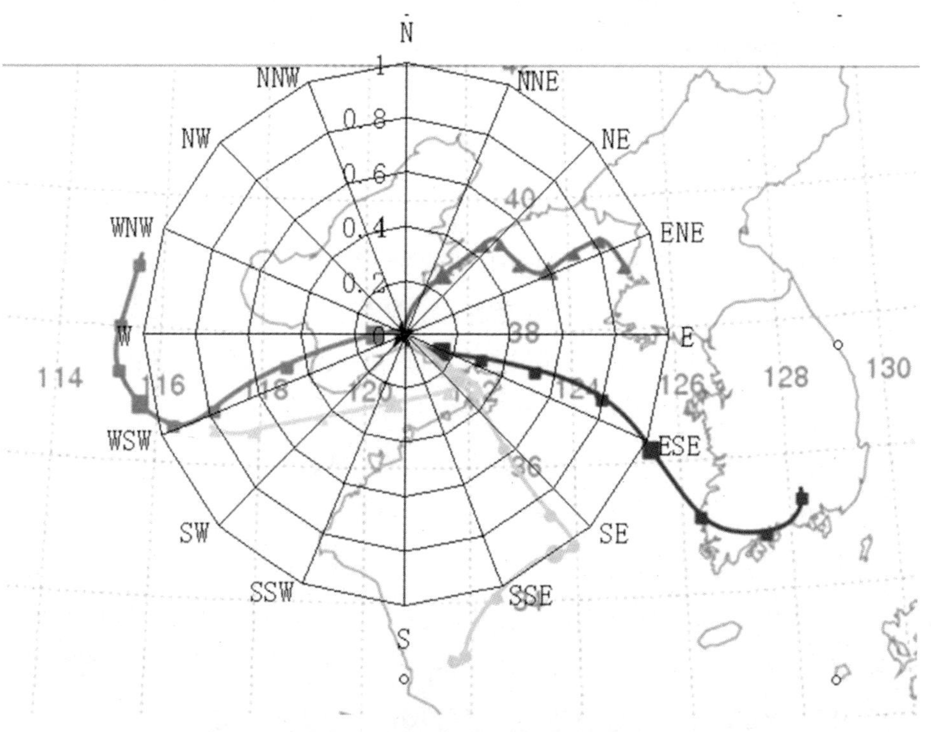


**图 7–3　象限分析法基本原理图**

考虑到区域环境空气质量背景值较低，局地源对背景浓度影响非常小，在研究其浓度贡献率时采用 HYSPLIT　4.8 轨迹模式和象限分析可以说明背景点周围 100 ~ 1 500 千米半径内，局地源和外来源传输对背景值的贡献率。

# 参考文献

[1] Bari, A., V.A. Dutkiewicz, C.D. Judd, L.R. Wilson, D. Luttinger and L. Husain.Regional sources of particulate sulfate, $SO_2$, $PM_{2.5}$, HCl, and $HNO_3$, in New York, NY. Atmospheric Environment, 2003, 37(2):837–2844.

[2] Brankov, E., Rao, S. T. and Porter, P. S.Trajectory–Clustering–Correlation Methodology for Examining the Long–Range Transport of Air Pollutants[J]. Atmospheric Environment, 1998, 32:1525–1534.

[3] Buchanan, C. M., Beverland, I. J. and Heal, M. R. The influence of weather–type and longrange transport on air particle concentrations in Edinburgh, UK. Atmospheric Environment, 2002, 36:5343–5354.

[4] Cape, J. N., Methven, J. and Hudson, L. E. The use of trajectory cluster analysis to interpret trace gas measurements at Mace Head, Ireland. Atmospheric Environment, 2000, 34:3651–3663.

[5] Dunker A.M., Yarwood G., Ortmann J.P., et al. Comparison of source apportionment and source sensitivity of ozone in a three–dimensional air quality model. Environmental Science & Technology, 2002, 36(13): 2953–2964.

[6] Dunker A.M., Yarwood G., Ortmann J.P., et al. The decoupled direct method for sensitivity analysis in a three–dimensional air quality model – Implementation, accuracy, and efficiency. Environmental Science & Technology,2002, 36(13): 2965–2976.

[7] Dutkiewicz, V.A. Mita Das and L. Husain.The relationship

between regional $SO_2$ emissions and downwind aerosol sulfate concentrations in the northeastern US. Atmospheric Environment, 2000, 34(1):821−832.

[8] Dutkiewics, V. A., Qureshi, S., Khan, A. R., Ferraro, V., Schwab, J., Demerjian, K., Husain, L. Sources of fine particulate sulphate in New York. Atmospheric Environment, 2004, 38:3179−3189.

[9] Dutton, J. A. The Ceaseless Wind. An Introduction to the Theory of Atmospheric Motion.Dover, New York,1986.

[10] Draxler, R. R., and Hess, G. D., 1997. Description of the HYSPLIT_4 modelling system. NOAA Technical Memorandum ERL ARL−224, December, 24pp.

[11] Fung JCH.,Lau AKH,L.J.,etc. Observation and modeling analysis of a severe air pollution episode in western Hong Kong. Journal of Geophysical Research−Atmospheres, 2005, 110(D9): 9105−9105.

[12] Grewe, V. Technical Note: A diagnostic for ozone contributions of various $NO_x$ emissions in multi−decadal chemistry−climate model simulations, Atmos. Chem. Phys., 2004, 4, 729−736, doi:10.5194/acp−4−729−2004.

[13] Hoell, J.M., Davis. The Pacific Exploratory Mission−West a (PEM−WEST A): September−October 1991. Journal of Geophysical Research, 1991, 11:1641−1653.

[14] Hoell, J.M., Davis, et al. The Pacific Exploratory Mission−West Phase B: February−March 1994. Journal of Geophysical Research, 1994, 102:28223−28239.

[15] Kahl, J. D. W. On the prediction of trajectory model error. Atmospheric Environment,1996,30:2945−2957.

[16] Khan, A. J., J. Li, and L. Husain. Atmospheric transport of elemental carbon. Geophys Res, 2006, 111, D04303, doi:10.1029/2005 JD006505.

[17] Kim, B.G, H.Jin-Seok and P.Soon-Uing, 2001:Transport of $SO_2$ and aerosol over the Yellow Sea[J]. Atmospheric Environment, 2001, 35:727-737.

[18] Kleeman M.J., Cass G.R. A 3D Eulerian source-oriented model for an externally mixed aerosol. Environmental Science & Technology, 2001, 35(24): 4834-4848.

[19] Kurata,G., G.R, Cramichael, D.G.Streets, T.Kitada,Y. Tnag, J-H.Woo, and N.Thongboonchoo.Relationships between emission sources and air mass characteristics in East Asia during the TRACE-P period[J]. Atmospheric Environment, 2004, 38: 6977-6987.

[20] LADCO. Lake Michigan Ozone Study: Lake Michigan Ozone Control Program, Vol.I-Executive Summary. Lake Michigan Air Directors Consortium, Des Plaines, IL.LMOS. 1995.

[21] Li J., Wang Z., Akimoto H., et al. (2008). Near-ground ozone source attributions and outflow in central eastern China during MTX2006. Atmospheric Chemistry and Physics, 8(24): 7335-7351.

[22] 李杰，王自发，吴其重．对流层$O_3$区域输送的定量评估方法研究．气候与环境研究，2010,5：529-540.

[23] Li, Q.B.. Intercontinental Transport of Anthropogenic and Biomass Burning Pollution, march 2003,Hard University.

[24] Parekh, P.P. and L. Husain. ambient sulfate concentrations and windflow patterns at Whiteface Mt., New York. Geophysical Research Letter,1982, 9:79-82.

[25] Park, S.-U.,and E.-H., Lee. Long-range transport contribution to dry deposition of acid pollutants in South Korea. Atmospheric Environment, 2003, 37:3967-3980.

[26] Penkett, S.A.,M.J.Evnas, C.E.Reeves, K.S.Lwa, S.J.B.Monk, J.A.Pyle, T.J.Geren, B.J.Bnady, G.Mills, L.M.Cdarenas, H.Barjat, D.Kley, S.Sehnligetn, J.M.Kent,K. Dewey, and J.Mehtven. Long-range transport of ozone and related Pollutants over the North Atlantic In spring and summer. Atmospheric Chemistry Physics Discussion,2004,4:4407-4454.

[27] Roberts,P.,Roth,et al..Characteristics of VOC-Limited and $NO_x$-Limited Areas Within the Lake Michigan Air Quality Region, in Report STI-92322-1504S.Rosa,Editor.1995,Sonoma Technology,Inc.:CALMOS.

[28] Salah Abdulmogith and Roy M. Harrison. The Use of Trajectory Cluster Analysis to Examine the Long-range Transport of Secondary Inorganic Aerosol in the UK. Atmospheric Environment, 2005, 35:6686-6695.

[29] Schnell,R.C..AGASP Special issue.Geophysics Research Letters 1984,11:359-472.

[30] Solomon,P.A..Planning and Managing Regional Air Quality Modeling and Measurement Studies:A Perspective Through the San Joaquin Valley Air Quality Study and AUSPEX.Chelsea:Lewis Publishers,1994.

[31] Stohl, A.Computation, accuracy and applications of trajectories-a review and bibliography[J]. Atmospheric Environment,1998,32:947-966.

[32] Streets D.G., Fu J.S., Jang C.J., et al. Air quality during

the 2008 Beijing Olympic Games. Atmospheric Environment, 2007, 41(3): 480–492.

[33] Stunder, B. J. B. An assessment of the quality of forecast trajectories[J].Journal of Applied Meteorology,1996,35:1319–1331.

[34] Whelpdale DM. Large scale atmospheric sulfur studies. Atmos Environ, 1978, 13(2):661–669.

[35] Wu, C.C., Kou,et al.A study on long–range transport of air pollutants over East Asia. Air Pollut Control and Technol, 1991, 8:277–287.

[36] Yarwood G., Wilson G., Morris R. Development of the CAMx particulate source apportionment technology (PSAT)–final report. ENVIRON International Corporation, 2005.

# 第八章　污染源清单编制技术方法

## 第一节　排放清单的重要性和必要性

大气污染物排放清单是指在某行政区域内大气污染物的排放量及其时空分布。美国国家环保局将大气污染因子划分为基准污染因子（Criteria pollutants，包含 $PM_{10}$、$PM_{2.5}$、$SO_2$、$NO_x$、CO、Pb、$O_3$ 和 VOCs 等）、有毒有害污染因子（Air toxics，含 188 种需重点控制的污染因子名单）和温室气体因子（$CO_2$、$CH_4$ 和 $N_2O$ 等）三大类，其分别对应基准污染物、有毒有害气态污染物和温室气体等三类污染物排放清单（中国环境监测总站等，2013）。

污染源调查与排放清单的建立不仅是空气质量预测预报的重要前提，同时也是研究城市环境空气质量变化成因和污染排放控制管理的重要基础工作之一。排放清单、质量监测和空气质量预测模拟已成为当今世界各国进行环境质量管理三个不可缺少的重要手段。

排放清单系统的建立是极为重要和必要的，它是大气污染控制和环境管理体系的一个重要组成部分。排放清单对各类污染源现状给出了量化数据，成为污染控制措施实施效果的有效评判依据；排放清单所提供的主要污染来源和分担率，将直接关系到新一轮污染控制措施的科学制定和决策。另外，排放清单还是衡量排放源大气污染物排放负荷，建立污染物排放标准、颁发排污许可证、制定大气污染物排放总量削减战略、排放交易和环境空气质量自动监测选址的重要基础。同时，排放清单也是环境质量预测空气质量模型、人体健康风险评估研究的重要基础信息来源，是一个城市及地区空气质量改善及保障的根本依据。

大气污染物排放清单需得到及时的更新，方能为区域明确阶段性环境污染整治方向、出台污染控制措施、并及时评估各项污染控制措施的效果提供重要的技术支撑。同时，排放清单的系统建立和定期更新，对于科学引导区域环境污染控制决策、推行污染物排放总量控制和开展许可证发放、污染物排放标准建立及污染预警联动等工作具有深远的意义。因此，建立大气污染物清单的动态更新及维护机制、确保数据的连贯性和有效性是环境管理部门的一项重要基础工作。

## 第二节　清单覆盖的污染源类别

大气污染源分为一级排放源和二级排放源两个级别。

一级排放源指点源、面源、流动源和生物源四大类污染源。点源通常指在某固定地点，污染物通过某固定设备设施持续或间歇排放的大气污染源。流动源指污染物以线性状态排放的流动大气污染源，如各类交通运输工具等。面源指污染物以广域的、分散的、微量的形式进入大气环境中的废气污染源。生物源排放主要来源于自然界，如植物、土壤、闪电等，其排放量和温度、太阳辐射、地表覆盖等因素有关。部分分散点源因地理位置信息缺乏、分布广泛、排放量微小而不计入点源，归入面源。污染源可通过环境统计、排污申报、污染源普查、科学研究或其他各类统计方式获得。

二级排放源特指一级排放源中的具体组成类别。点源二级排放源分类为锅炉、生产工艺、储罐和工业炉窑等。流动源二级排放源分类为机动车、船舶、火车机车和民用飞机等。面源二级排放源分类为扬尘排放源（道路、建筑工地和堆场等）、燃料燃烧排放源（工业分散燃料、民用燃料和秸秆等）、

VOCs排放源（涂料、印刷油墨、胶黏剂、密封剂、半导体制造、成品油储运、植被、干洗、填埋场、污水厂、医院和餐饮）、$NH_3$排放源（畜禽养殖）等。

## 第三节 排放清单建立和更新方法

大气污染物排放清单应从上而下编制规范、从下而上组织编制。整个步骤包括：预案清单建立规划、数据收集，以及数据管理和报告三个阶段。排放清单应以实测为基础，可结合重点污染源核查等专项工作，建立与行业或通用设备相关联的本地污染物排放系数，同时，还可借鉴国内外部分排放系数、欧美等发达国家清单统计的规范和方法等（如美国国家环保局的Air Chief、NEI 和NIF、欧盟的CORINAIR、英国的NAEI 1996年排放清单等）。通常，大气污染物排放清单建立的方法包括实测、燃料成分分析、能源或物料平衡、排放模型、工程判定或经验估算等。方法使用的优先次序分为A～E 级，其中A 级为首选方法，B 级为次选方法，C 级为第三方法，D 级为第四方法，E 级为最后备选方法。目前，常用的排放模型有MOVES（National）/ EMFAC2011（California）；OFF-ROAD Models （Marine Vessels，Locomotives，Construction Equipment）； BEIS（biogenics）等（Hogo，2013）。

排放清单建成后应及时更新，清单更新工作包括局部更新和区域更新。局部更新可通过更新处理系统导入子系统中，经过验证和质量控制后，可对原清单进行局部修改。区域更新和排放清单建立类似，可在原清单的基础上进行方法、类型、排放因子、排放数据等方面研究，形成更新后的完整排放清单，经验证和质量控制后，通过处理子系统导入排放清单系统中。排放清单更新工作是一个长期、持续的工作，需在后期不断完善和改进，将排放清单制作更准确、更全面。

# 第四节　源清单在数值预报中的应用

目前，我国环境保护部门已逐步开展相关大气污染源排放清单研究，为环境空气质量数值预报模式提供了关键的基础性研究成果。以2010年广州亚运会和2011年深圳大运会期间环境空气质量预报为例，珠江三角洲地区采用三层嵌套网格，垂直25 层分层，具有高时空分辨率的大气排放源清单，为该地区环境空气质量数据预报提供了基础研究数据和保障。该系统第一、第二层源清单数据来自 INTEX-B 2006 年亚洲排放源清单；第三层所用源清单是以 2006年作为基准年普查的本地化的珠江三角洲大气排放源清单；同时引入源同化技术，利用珠三角21个站点的大气成分观测资料进行同化（邓涛等，2010）。上海市环境监测中心也在2003年建立的排放清单的基础上，针对上海市大气环境问题和污染源特点，对2003年上海市大气污染物排放清单进行了更新；对比分析了2003年与2006年各类源排放量及分担率，结果真实客观地反映了排放情况；并将更新前后的排放清单，用数值预报模式进行拟合，结果较好地验证了排放清单的应用价值。上海的污染源清单研究也为上海世博会期间空气质量预报提供了技术支持。

## 参考文献

[1] 邓涛，吴兑，邓雪娇，等．珠三角亚运同期空气质量数值模拟研究 [J]. 第27届中国气象学会年会城市气象，让生活更美好分会场论文集，2010.

[2] Hogo H. Emissions Inventory Development for Forecasting. 2013江苏省第三届蓝天工程国际技术交流会会议材料．

[3] 中国环境监测总站，新时代工程咨询有限公司．三区区域环境空气质量监测预报预警可行性研究报告，2013.

# 第九章　预报预警术语

## 第一节　预报术语标准

（1）空气质量预报　利用各种技术手段和方法，对大气中的主要污染物（$PM_{10}$、$PM_{2.5}$、$SO_2$、$NO_2$、CO、$O_3$ 等）的浓度及时空变化进行预测，为群众的生活和生产活动提供指导和服务，为政府部门采取相应应对措施提供支持。从时间上可分为趋势预报（4 ~ 7 天）、短期预报（1 ~ 3 天）和临近预报（几个小时）（张小曳等，2010）。

（2）污染潜势　是指可能出现不利于污染物稀释扩散的天气形势或气象条件，如地面低压、混合层较低、平均风速小、逆温等。

（3）区域预报　指大面积或区域范围的预报，其范围一般在 20 万平方千米以上，时间尺度为 24 ~ 48 小时或更长，主要预报区域内的较大尺度污染过程，这种污染过程常与大的天气形势相关联（张小曳等，2010）。

（4）城市预报　城市预报的范围限于城市及其郊区，其长度范围通常是 10 ~ 20 千米（人口 50 万的中等城市）到 100 千米（人口 500 万 ~ 1 000 万的大型城市复合体），时间尺度为几小时到两天。在这样的时空尺度范围内，不仅要考虑大的天气形势，还需要分析局地环流（海陆风、山谷风、城市热岛效应等）（张小曳等，2010）。

（5）潜势预报　潜势预报通过分析气象条件与污染物扩散之间的关系对未来的空气污染状况进行预报，基本方法是从已发生的污染事件着手，归纳总结发生污染事件时所特有的气象条件和天气形势。潜势预报是一种以经验为主的预报方式，其预报的准确度与天气形势预报的精度密切相关。

（6）统计预报　统计预报以大气污染物与气象观测资料为基础，将历史上的污染物浓度数据及同期气象资料（如风速、风向、温度、湿度等气象因子等）利用统计方法（多采用多元回归和 Kalman 滤波方法）进行数学分析，建立具有一定可信度的统计关系或数学模型，利用该关系对未来大气污染物浓度进行预报。

（7）数值预报　数值预报以大气动力学理论为基础，建立大气污染浓度在空气中的生成、转化和输送扩散数值模型，借助计算机定量预报多种大气污染物浓度及其动态区域分布，同时还可用于污染来源追踪与分析。常用的空气质量数值预报模式有 NAQPMS、CAMx、Model3/CMAQ、WRF-Chem、RegAEMS、GEATM 等（王自发等，2006）。

（8）集合预报系统　由于数值模式的高度非线性，初始场的微小误差都可能造成模式运算结果的巨大偏差，因此由单一初始场得到的数值模式解很可能离真值很远。与传统的“单一”决定论的数值预报不同，集合预报首先估算出初值中误差分布的范围，据此得到一个初值的集合。从这一初值的集合出发，可相应得到一个预报值的集合。简而言之，“集合预报”是从“一群”相关不多的初值出发而得到“一群”预报值的方法（王茜等，2010）。

（9）多模式集合预报　同时使用两个或两个以上的数值模式，然后把这几个子集合预报的值汇成一个确定性的结果，称为多模式集合预报，也称超级集合（Super-Ensemble）预报。利用多个模式的输出结果，根据这些模式过去的性能对其预报进行统计订正，以获得最好的决定性预报。

（10）资料同化　是一种为数值预报提供初始场的数据处理技术，其主要任务是将各种不同来源、不同误差信息和不同时空分辨率的观测资料融合进入数值模式，依据严格的数学理论，在模式解与实际观测之间找到一个最优解，这个最优解可以继续为数值模式提供初始场，以此不断循环下去，使模式的结果不断地向观测值靠拢。随着计算机条件的改善和数学方法的更新，资料同化经历了“客观分析—最优插值—三维变分—四维变分和集合卡尔曼滤波”的发展过程。

（11）初始条件　用来说明某一具体时刻空气质量及气象状况等的初始状态的条件（朱蓉等，2001）。

（12）边界条件　用于说明某一具体时刻空气质量及气象状况等的边界上的约束情况的条件（朱蓉等，2001）。

（13）可预报性　可预报性是指预报在时效上的一种上限。在这一上限以内，预报仍有一定的不确定性。对于数值预报而言，其不确定性主要由初始条件的不确定性、污染源清单的偏差及模式误差造成（朱蓉等，2001）。

（14）污染源追因技术　通过不同尺度空气质量数值模式，考虑污染物对源排放的非线性化学响应特性，从而评估出不同地区和不同类别污染源排放对环境空气污染物浓度的贡献（分担率）的数值模拟技术。该技术能够预报未来时段特别是污染预警期间，不同地区、不同行业对目标地区大气污染物浓度的贡献（分担率），掌握某区域及周边地区污染物跨界扩散与迁移规律、路径和相互影响程度，是制定大气污染应急控制策略的有力工具。

（15）大气污染源　指向大气环境排放有害物质或对大气环境产生有害影响的场所、设备和装置，按污染物质的来源可分为自然源和人为源（唐孝炎等，2001）。

（16）排放源清单　通过测定各种大气污染源的排放因子和调查统计不同污染源的排放活动数据来估算总的排放量和确定不同源的贡献率。排放源清单对各类大气污染源现状给出了量化数据，是环境空气污染防治的基础，也是环境空气质量预报数值模式的重要起始数据。源清单包含点源、面源和流动源三大类（张小曳等，2010）。

（17）污染源模式系统　污染源模式系统是污染源清单和空气质量模式之间的桥梁，既是源清单的出口又是空气质量模式系统的入口。污染源清单必须经过源模式系统的处理，将源排放量转换成相应模式格点上的具有时空变化的排放强度，用于空气质量模式系统中。典型的源模式系统有美国国家环保局的 SMOKE 等（张小曳等，2010）。

（18）预报时段　空气质量预报中的 24 小时预报，是指北京时间第二日 0:00 ~ 23:00 各项空气污染物 24 小时平均浓度预报。类似地，48 小时预报是指北京时间第三日 0:00 ~ 23:00 各项空气污染物 24 小时平均浓度预报。

（19）模式检验　模式预报效果检验是对一组模式预报结果及相对应时间段的观测结果给出定量关系和评价，用于对模式的优劣进行分析，以采取措施改进模式（Henry et al.）。

（20）气团　指气象要素（主要指温度和湿度）水平分布比较均匀的大范围空气团。在同一气团中，各地气象要素的垂直分布（稳定度）几乎相同，天气现象也大致一样。气团的水平尺度可达几千千米，垂直范围可达几千米至十几千米，常常从地面伸展到对流层顶（朱乾根等，2007）。

（21）天气形势　指天气系统在天气图上的分布特征及其所表示的大气运动状态，又称环流形势或气压形势（朱乾根等，2007）。

（22）大气污染扩散　指大气中的污染物在湍流的混合作用下逐渐分散稀释的现象（朱乾根等，2007）。

（23）气旋和反气旋　气旋（反气旋）是占有三度空间的、在同一高度上中心气压低（高）于四周的大尺度涡旋。在北半球气旋（反气旋）范围内的空气作逆（顺）时针旋转，在南半球其旋转方向则相反（朱乾根等，2007）。

（24）低压槽和高压脊　呈波动状的高空西风气流上，波谷对应着低压槽，槽前暖空气活跃，多雨雪天气，槽后冷空气控制，多大风降温天气；波峰与高压脊对应，天气晴朗（朱乾根等，2007）。

（25）冷锋和暖锋　冷锋即冷空气的前锋，在冷、暖气团交界处，冷空气向暖空气推进。冷锋上多风雨激烈的天气，锋后多大风降温天气；反之为暖锋，锋上多阴雨天气，锋后转多云和晴天，气温回升（朱乾根等，2007）。

（26）静稳型天气　通常指高空形势少变，气压系统维持少动，无冷空气互动、地面风小，空气凝滞，风场垂直切变不明显，水平能见度差（朱乾根等，2007）。

（27）台风　又称热带气旋，发生在热带或副热带洋面上的低压涡旋，是一种强大而深厚、破坏性非常强的热带天气系统。在天气图上，台风的等压线和等温线近似为一组同心圆（朱乾根等，2007）。

（28）副热带高压　简称副高，是位于副热带地区的暖性高压系统，对中、高纬度地区和低纬度地区之间的水汽、热量和能量的输送和平衡起着重要的作用，是大气环流的一个重要系统。对我国影响最大的暖性高压是西太平洋副高。副高内部盛行下沉气流，天气晴好（朱乾根等，2007）。

（29）均压场　指在一定区域内无明显的高低压系统，气压梯度极小，地面风很弱的一种天气形势（朱乾根等，2007）。

（30）沙尘　强风将地面大量尘沙吹起，使空气很混浊，水平能见度小于 1 千米的天气现象（盛裴轩等，2003）。

（31）浮尘　尘土、细沙均匀地浮游在空中，使水平能见度小于 10 千米的天气现象（盛裴轩等，2003）。

（32）大气边界层　大气层中最接近地球表面的一层，其空气的流动受到地表的摩擦阻力、温度差异和地球自转的影响，流场较为复杂。大气边界层与人类活动的关系最密切，大气污染也主要发生在这一层。大气边界层厚度一般在 1 ~ 2 千米，上方为自由大气，湍流是这一层最重要的特征（盛裴轩等，2003）。

（33）大气稳定性　指大气中某气团由于与周围空气存在密度、温度等的差异而产生的浮力使其产生加速度而上升或下降的程度。大气稳定度是影响污染物在大气中扩散的极重要因素。当大气层结不稳定，热力湍流发展旺盛，对流强烈，污染物易扩散。当大气层结稳定时，湍流受到抑制，污染物不易扩散稀释（盛裴轩等，2003）。

（34）逆温　在低层大气中，气温一般随高度的增加而降低。但有时在某些层次可能出现相反的情况，气温随高度的增加而升高，这种现象称为逆温。逆温层大气层结稳定，发生在近地面时不利于污染物的扩散，进而造成空气污染（盛裴轩等，2003）。

（35）一次污染物　污染源排放进入大气后，直接污染空气的污染物称为一次污染物，主要有二氧化硫、一氧化碳、氮氧化物等（唐孝炎等，2006）。

（36）二次污染物　一次污染物在空气中相互作用或与空气的正常组分发生化学反应或光化学反应而生成的新污染物，如臭氧、过氧乙酰硝酸酯和部分细颗粒物等。二次污染物的形成机制复杂，毒性一般较一次污染物强，对生物和人体的危害也更严重（唐孝炎等，2006）。

（37）干沉降　大气中的物质与植物、建筑物或地面（土壤）相碰撞而被捕获的过程（唐孝炎等，2006）。

（38）湿沉降　大气中的物质通过降水而落到地面的过程（唐孝炎等，2006）。

## 第二节　预警术语标准

（1）空气质量预警　当空气污染物浓度或 AQI 达到预警级别时，由环境管理部门向公众和相关政府部门发出警报，以便有关部门采取必要的应对措施，保证人民群众的身体健康。

（2）预警解除　当空气质量好转，污染物浓度或 AQI 降至相应预警级别对应的浓度或 AQI 时，由环境管理部门向公众发布解除该级别预警。

（3）预警信息　指为有关部门结合实际情况判断空气污染形势、及时启动本地及周边地区联防联控及有关应急措施、最大限度地减轻重污染天气影响，提供的连续重度以上空气污染过程的图形和文字信息，包括重污染过程发生的时间、持续时段、影响范围、首要污染物等内容。

（4）分级预警　面向不同污染程度，分别规定符合实际情况和现实需求的预警类型，启用更有针对性的应急方案，以实现最大限度地降低应急措施实施成本，发挥最大的社会和经济效益的目的。

（5）区域分级预警　根据区域联防联控及区域污染物传输控制的要求，以空气质量预报为依据，综合考虑污染程度、覆盖范围和持续时间等因素，规定区域预警等级。

**京津冀及周边预警举例**

为落实《京津冀及周边地区落实大气污染防治行动计划实施细则》有关要求，及时启动京津冀及周边地区联防联控及有关应急措施。2013 年 10 月，环境保护部制定了《京津冀及周边地区重污染天气监测预警方案（试行）》，将京津冀及周边地区区域重污染天气预警等级划分为三级，分别为Ⅲ级、Ⅱ级、Ⅰ级预警，Ⅰ级为最高级别。

（1）Ⅲ级预警

经预测，有 3 个及以上省（自治区、直辖市）的部分地区将发生连续三天 $300 \geq AQI > 200$，但未达到Ⅱ级、Ⅰ级预警等级，空气质量为重度污染或以上级别。

（2）Ⅱ级预警

经预测，有 3 个及以上省（自治区、直辖市）的部分地区将发生连续三天 $500 > AQI > 300$，空气质量为严重污染级别。

（3）Ⅰ级预警

经预测，有 3 个及以上省（自治区、直辖市）的部分地区将发生一天以上 $AQI = 500$，空气质量为极严重污染。

（6）城市分级预警　由于不同城市和地区的实际情况千差万别，各城

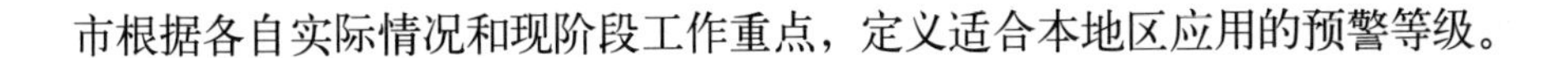
市根据各自实际情况和现阶段工作重点，定义适合本地区应用的预警等级。

**北京市预警举例**

2012 年 10 月，北京市发布《北京市空气重污染日应急方案（暂行）》，将空气重污染分为 4 个预警级别，由轻到重依次为预警四级、预警三级、预警二级、预警一级。预警一级为最高级别。

（1）预警四级：预测未来 1 天出现重度污染；

（2）预警三级：预测未来 1 天出现严重污染或持续 3 天出现重度污染；

（3）预警二级：预测未来持续 3 天交替出现重度污染或严重污染；

（4）预警一级：预测未来持续 3 天出现严重污染。

**上海市预警举例**

上海市 2013 年 4 月发布《上海市环境空气质量重污染应急方案（暂行）》，其中依据《环境空气质量指数（AQI）技术规定（试行）》（HJ 633—2012），将重度污染和严重污染纳入环境空气质量重污染应急方案实施范围，具体为：

重度污染：全市 24 小时空气质量指数（AQI）在 201 ~ 300 范围，视污染趋势发布重污染预警信息，并启动相应的应急措施。

严重污染：全市 24 小时空气质量指数（AQI）大于 300 范围，发布严重污染预警信息，并启动相应的强化应急措施。

# 参考文献

[1] 北京市人民政府．北京市空气重污染日应急方案（暂行），2012 年 10 月 26 日．

[2] Henry R. Stanski，Laurence J. Wilson，William R. Burrows. 气象学中常用检验方法概述． WMO/TD NO.358,WWW 技术报告 NO.8.

[3] 环境保护部，中国气象局．京津冀及周边地区重污染天气监测预警方案（试行）. 2013.

[4] 上海市人民政府．上海市环境空气质量重污染应急方案（暂行），2013 年 4 月 1 日．

[5] 盛裴轩，毛节泰，李建国，等．大气物理学．北京：北京大学出版社，2003.

[6] 唐孝炎，张远航，邵敏，等．大气环境化学．北京：高等教育出版社，2006.

[7] 王茜，付晴艳，王自发，等．集合数值预报系统在上海市空气质量预测预报中的应用研究． 环境监控与预警，2010，2（4）：1674 − 6732.

[8] 王自发，谢付莹，王喜全，等．嵌套网格空气质量预报模式系统的发展与应用．大气科学，2006，30（5）:779 − 790.

[9] 张小曳．大气成分与大气环境．北京：气象出版社，2010.

[10] 朱乾根，林锦瑞，寿绍文，等．天气学原理与方法．北京：气象出版社，2007.

[11] 朱蓉，徐大海，孟燕君，等．城市空气污染数值预报系统 CAPPS 及其应用．应用气象学报，2001，12（3）：267 − 278.

# 结 语

现实中的中国大气污染严峻形势及其联防联控对区域监测与预报预警提出了前所未有的技术支撑需求。国务院最近颁布的“大气污染防治行动计划”明确要求建立监测预警应急体系，妥善应对重污染天气，要求京津冀、长三角、珠三角区域2014年年底要完成区域、省、市级重污染天气监测预警系统建设，其他省（区、市）、副省级市、省会城市2015年年底前完成建设，并要求做好重污染天气过程的趋势分析，完善会商研判机制，提高监测预警的准确度，及时发布监测预警信息。

就执行空气质量新标准而言，大气复合污染的关键指标$PM_{2.5}$和臭氧实时监测在我国完成2013年起第一批正式实时监测，并在今明两年继续扩展完成第二批、第三批建设，因此以$PM_{2.5}$和臭氧为关键指标的区域尺度至全国尺度的环境空气质量预报预警业务在我国是一项全新的工作。有鉴于此，本《指南》希望基于实际建设和实践的初步认识，结合国内外实践经验和发展趋势，围绕《大气污染防治行动计划》需求，探讨建立国家环境空气质量预报预警体系的建设策略目标、业务技术方法和综合应用发展等一体化发展的关键要点，希望能够为管理部门和各地能力建设提供尽可能有益的参考建议。

在建设策略目标方面，需关注如下要点。

建设的策略和目标，应以《大气污染防治行动计划》要求为蓝图。我国经济转型发展和大气污染防治的迫切形势，均要求环保系统以尽快开展预报服务和预警支持为指向，加快建立环境质量监测预报预警体系。

建设的核心业务平台，应以国内外先进水平和实践成果为参照。适应形势的需求和国际发展潮流，建立以现有环境空气质量实时监测网络为基础、以污染源排放追因溯源为目标、以大气化学实时观测资料同化系统和数值模式集合预报系统为核心的区域及国家级环境空气质量预报预警平台和多种精细化预报预警技术方法灵活应用的业务体系，为大气污染联防联控确立可持续发展基础，为首先实现污染减缓，并最终达到像预防疾病一样预防污染，提供不断改善的技术支撑。

针对困难问题的解决，应以应用最新科研成果为途径。以科研支持和引领业务，以业务发展和促进科研，科研与业务相结合，是高效建设和发展环境空气质量监测预报预警体系能力的必经之路。

在业务建设方法方面，需关注如下要点。即结合国内外的实践和经验认识，在业务工作中应用本《指南》，应注意如下环境空气质量预报的主要原则。

预报业务的三个基本原则：①预报定位在科学预测，执行符合科学预测的预报程序，预报不是无科学依据的主观猜测。②以最接近准确水平的预报模式客观预测产品为依据。以区域空气质量数值预报模式为例，模式结合了目前气象预报、污染物源和汇、大气化学反应以及物理传输和清除过程等领域最高水平的认知，基于全方位的统筹考虑和综合分析，是在现有条件下能够达到的最接近真实水平的空气质量客观预测，预报应以其为基础依据。③预报偏差源于不准确的模式初始场。模式初始场主要包括气象场和污染源排放清单，由于观测不全面和气象模式本身的偏差，气象预报存在一定不确定性；同样，污染源排放清单也因时间滞后和空间分辨率低而无法准确反映污染物真实的排放情况。存在偏差的气象预报和不够完整细致的排放清单是导致数值模式预报结果与实况不符的主要因素。

预报方法的三个基本原则：①以模式预报为主，以客观订正为辅。空气质量模式预报结果本身是客观准确的，但存在偏差的气象预报和排放清单等初始场仍会导致错误的空气质量预报结果。因此，需要基于对大气污染物实况监测数据、大气化学反应过程、污染物传输和沉降规律等人为的经验认识，对模式预报结果进行适当的客观订正。②客观订正以工具化的规律分析为主。对模式预报结果进行客观订正，主要基于对气象条件、污染源排放清单、污染物大气化学反应、传输和沉降过程等多方面的规律性分析，将以上规律分类汇总为格式化的分析工具，可显著提高预报结果客观订正的效率。③规律分析工具自动化。为提高日常预报的业务化水平，有必要将系统性的规律分析工具自动化，并将其集约在预报产品平台中，减少重复劳动。

大气条件控制形势分析的三个基本原则：①把握区域总体控制形势。区域空气质量预报属于趋势预报，侧重于对影响空气质量的大气扩散条件变好、变差或维持等总体形势的判断，其目的是为辖区内城市开展精细化空气质量预报服务提供参考。根据高压和低压系统、台风过境、静稳天气等气象条件，将区域总体控制形势划分为好转、维持和变差等不同类别，以便于有针对性地判断区域空气质量的变化趋势。②关注不同高度控制形势的强度和转变。为掌握区域天气控制形势，需了解区域气象场的垂直结构特征，即从高、中、低等不同高度立体化分析。通过对各层风速、风向、相对湿度等气象条件的评估，逐层判断天气控制形势的类型、强度和变化趋势。③不同高度控制形势综合协调分析。对高、中、低等不同高度天气控制形势协调分析和综合评估，方可获得全面、准确的区域总体天气控制形势场。当不同高度层天气控制形势类似时，区域总体控制趋势单一且易于判断；当不同高度层天气控制形势出现强弱、方向等差异时，区域总体控制形势会相对复杂。

预报信息表述的三个基本原则：①总体形势与动态变化描述相结合。在描述未来区域天气控制形势时，应先描述区域总体形势，如“未来两天京津冀区域将有一次污染过程”，再具体描述在总体形势影响下的动态变化过程，推荐使用“维持、趋向、转为、向……发展”等动态描述语句，例如“大气扩散条件转为有利”。②总体污染程度和重污染描述相结合。在描述区域空气质量预报时，首先概括性说明区域总体的空气质量变化和污染形势，例如“未来两天，京津冀区域空气质量以良至轻度污染为主”；在有重污染出现的可能时，应增加对重污染地区的具体描述，例如“河北中南部可能出现重度以上污染”。③跨级预报与可能性预报相结合。区域空气质量预报涵盖的范围较大，难以做到针对各城市的精细化预报。由于对分区的划分较粗，在空气质量级别预报时，同一个分区内不同城市之间，甚至单个城市内不同点位之间都有可能存在差异，跨级预报是将以上差异归一化的有效方式，例如“明日河北南部空气质量为轻度至中度污染”。同时，由于沙尘暴、秸秆焚烧等局地污染源随机变化或人为应急措施的干预，未来局地的空气质量很可能发生“跳级”突变，因此要增加针对该地区具体的可能性预报。

在平台综合应用方面，需关注如下要点。即顺应时代需求，应结合世界技术和应用一体化发展的潮流，以技术预报预警业务平台为基础，建立环境保护及监测系统新一代核心竞争力。国家环境空气质量预报预警体系是在多种单一监测产品及信息基础上，形成的联结多种分析模拟预测技术方法的集成产品和综合应用系统，将首次实现环境质量监测“自下而上”散布单元汇集与“自上而下”全面集成分发的产品流动良性循环，将盘活现有污染源监测和各种环境质量监测资源，产生前所未有的倍增综合集成效益，带动技术服务水平提高到一个新的水平。预报预警模式平台还具备强大的模拟集成和预测功能，同时可综合应用于污染物对环境风险、健康、能源、地区气候、农业、生态、生物多样性、地表水、海洋等方面影响预测和评估，因此未来会同水环境、海洋环境、生态环境能够发展为耦合各种环境指标和污染物循环的综合环境质量分析和模拟系统，将带动环境质量监测业务发展到一个更高的层面。

新形势下我国的区域和城市环境空气质量监测预报预警是一个崭新的工作领域。基于环境监测综合资源应用并随前沿科研引领综合发展，在国内可以说是一个刚刚兴起的业务，无论从工作机制、业务流程、技术方法、人员培训、科研发展的各个方面，大部分还都是起步或者是空白，同样都面临尽快形成能力发挥职责作用的挑战。因此，各级环境监测部门不能够再一步一步简单重复国外先行国家的发展过程，需要学习借鉴国内外先进预报预警技术和业务、高水平应用国内外已有先进成果作为起点；不能够再孤军奋战，需要综合利用环境监测独特的资源优势，开放联合国内空气质量预报研究发展水平最高、业务化水平经验最丰富的科研院所的前沿科研技术力量团队共同建设；不能够再闭门造车，需要开放加强国际技术交流和学习培训，尽快赶上欧美已经开展了三十年的技术和服务建设水平。

对于任何一个新的工作领域，都需要海纳百川、从善如流才能够把工作做好。这个建设的过程，同样需要环境保护部和全国环境监测系统上下同心协力、领导干部与技术人员及研发团队密切合作才能够实现。面对严峻的大气污染防治形势，环境质量预报预警的工作开展和能力建设，非常需要各级政府和管理部门雷厉风行的务实领导，非常需要具有国际水平的业务化研发科学合作伙伴，非常需要专业精干的预报预警与联防联控技术支撑技术队伍。通过开放建设，根据实际情况主动做好前期基础工作，建设高性能的预报预警平台支撑和保障高水平的业务发展，各级环境监测部门应有信心、有能力逐步建设一流水平的预报预警中心。

李健军

# 附　录　数值预报污染来源追因技术行政区域规划编码说明

空气质量数值预报污染来源追因技术是空气质量预报预警的重要组成部分。其为预报预警提供每个地区大气污染物排放对本地区和其他地区的贡献，准确筛选、甄别影响灰霾的重点地区和污染源。

污染来源追因要求为数值模式提供区域内每个网格的编号，以确定其所在的行政区，该编号为一个县一个号，没有交叉。

## 1. 编号存储格式要求

模拟区域内每个地区的编号存储文件格式为文本格式，具体见附表－1。

**附表－1　地区代码数据存储格式要求**

| 模拟区域编号（2位） | 东西向网格编号（4位） | 南北向网格编号（4位） | 区域代码（6位） |
|---|---|---|---|
| 01 | 0001 | 0001 | 110101 |

注：表中数据为样例：表示在模拟区域1内，东西向第1个南北向第1个格点，其位置为北京市东城区。

## 2. 编号原则

全国每个县级行政区的编号是唯一的，其编制原则参见国务院民政部颁发的全国行政区域代码。由6位数字表示，第一、第二位表示省（自治区、直辖市、特别行政区）；第三、第四位表示市（地区、自治州、盟及国家直辖市所属市辖区和县的汇总码）。其中，01−20，51−70表示省直辖市；21−50表示地区（自治州、盟）；第五、第六位表示县（市辖区、县级市、旗)。01-18表示市辖区或地区(自治州、盟)辖县级市；21-80表示县(旗)；81-99表示省直辖县级市，详见附表－2。

**附表－2 全国行政区划代码表**

| 行政区划代码 | 对应地市 | 行政区划代码 | 对应地市 | 行政区划代码 | 对应地市 |
|---|---|---|---|---|---|
| 110000 | 北京市 | 340502 | 金家庄区 | 450324 | 全州县 |
| 110100 | 市辖区 | 340503 | 花山区 | 450325 | 兴安县 |
| 110101 | 东城区 | 340504 | 雨山区 | 450326 | 永福县 |
| 110102 | 西城区 | 340521 | 当涂县 | 450327 | 灌阳县 |
| 110103 | 崇文区 | 340600 | 淮北市 | 450328 | 龙胜各族自治县 |
| 110104 | 宣武区 | 340601 | 市辖区 | 450329 | 资源县 |
| 110105 | 朝阳区 | 340602 | 杜集区 | 450330 | 平乐县 |
| 110106 | 丰台区 | 340603 | 相山区 | 450331 | 荔浦县 |
| 110107 | 石景山区 | 340604 | 烈山区 | 450332 | 恭城瑶族自治县 |
| 110108 | 海淀区 | 340621 | 濉溪县 | 450400 | 梧州市 |
| 110109 | 门头沟区 | 340700 | 铜陵市 | 450401 | 市辖区 |
| 110111 | 房山区 | 340701 | 市辖区 | 450403 | 万秀区 |
| 110112 | 通州区 | 340702 | 铜官山区 | 450404 | 蝶山区 |
| 110113 | 顺义区 | 340703 | 狮子山区 | 450411 | 市郊区 |
| 110114 | 昌平区 | 340711 | 郊区 | 450421 | 苍梧县 |
| 110115 | 大兴区 | 340721 | 铜陵县 | 450422 | 藤县 |
| 110116 | 怀柔区 | 340800 | 安庆市 | 450423 | 蒙山县 |
| 110117 | 平谷区 | 340801 | 市辖区 | 450481 | 岑溪市 |
| 110228 | 密云县 | 340802 | 迎江区 | 450500 | 北海市 |
| 110229 | 延庆县 | 340803 | 大观区 | 450501 | 市辖区 |
| 120000 | 天津市 | 340811 | 郊区 | 450502 | 海城区 |
| 120100 | 市辖区 | 340822 | 怀宁县 | 450503 | 银海区 |
| 120101 | 和平区 | 340823 | 枞阳县 | 450512 | 铁山港区 |
| 120102 | 河东区 | 340824 | 潜山县 | 450521 | 合浦县 |
| 120103 | 河西区 | 340825 | 太湖县 | 450600 | 防城港市 |
| 120104 | 南开区 | 340826 | 宿松县 | 450601 | 市辖区 |
| 120105 | 河北区 | 340827 | 望江县 | 450602 | 港口区 |
| 120106 | 红桥区 | 340828 | 岳西县 | 450603 | 防城区 |
| 120107 | 塘沽区 | 340881 | 桐城市 | 450621 | 上思县 |
| 120108 | 汉沽区 | 341000 | 黄山市 | 450681 | 东兴市 |
| 120109 | 大港区 | 341001 | 市辖区 | 450700 | 钦州市 |
| 120110 | 东丽区 | 341002 | 屯溪区 | 450701 | 市辖区 |
| 120111 | 西青区 | 341003 | 黄山区 | 450702 | 钦南区 |
| 120112 | 津南区 | 341004 | 徽州区 | 450703 | 钦北区 |

| 行政区划代码 | 对应地市 | 行政区划代码 | 对应地市 | 行政区划代码 | 对应地市 |
|---|---|---|---|---|---|
| 120113 | 北辰区 | 341021 | 歙县 | 450721 | 灵山县 |
| 120114 | 武清区 | 341022 | 休宁县 | 450722 | 浦北县 |
| 120115 | 宝坻区 | 341023 | 黟县 | 450800 | 贵港市 |
| 120200 | 县 | 341024 | 祁门县 | 450801 | 市辖区 |
| 120221 | 宁河县 | 341100 | 滁州市 | 450802 | 港北区 |
| 120223 | 静海县 | 341101 | 市辖区 | 450803 | 港南区 |
| 120225 | 蓟县 | 341102 | 琅琊区 | 450821 | 平南县 |
| 130000 | 河北省 | 341103 | 南谯区 | 450881 | 桂平市 |
| 130100 | 石家庄市 | 341122 | 来安县 | 450900 | 玉林市 |
| 130101 | 市辖区 | 341124 | 全椒县 | 450901 | 市辖区 |
| 130102 | 长安区 | 341125 | 定远县 | 450902 | 玉州区 |
| 130103 | 桥东区 | 341126 | 凤阳县 | 450921 | 容县 |
| 130104 | 桥西区 | 341181 | 天长市 | 450922 | 陆川县 |
| 130105 | 新华区 | 341182 | 明光市 | 450923 | 博白县 |
| 130107 | 井陉矿区 | 341200 | 阜阳市 | 450924 | 兴业县 |
| 130108 | 裕华区 | 341201 | 市辖区 | 450981 | 北流市 |
| 130121 | 井陉县 | 341202 | 颍州区 | 452100 | 南宁地区 |
| 130123 | 正定县 | 341203 | 颍东区 | 452101 | 凭祥市 |
| 130124 | 栾城县 | 341204 | 颍泉区 | 452122 | 横县 |
| 130125 | 行唐县 | 341221 | 临泉县 | 452123 | 宾阳县 |
| 130126 | 灵寿县 | 341222 | 太和县 | 452124 | 上林县 |
| 130127 | 高邑县 | 341225 | 阜南县 | 452126 | 隆安县 |
| 130128 | 深泽县 | 341226 | 颍上县 | 452127 | 马山县 |
| 130129 | 赞皇县 | 341282 | 界首市 | 452128 | 扶绥县 |
| 130130 | 无极县 | 341300 | 宿州市 | 452129 | 崇左县 |
| 130131 | 平山县 | 341301 | 市辖区 | 452130 | 大新县 |
| 130132 | 元氏县 | 341302 | 埇桥区 | 452131 | 天等县 |
| 130133 | 赵县 | 341321 | 砀山县 | 452132 | 宁明县 |
| 130181 | 辛集市 | 341322 | 萧县 | 452133 | 龙州县 |
| 130182 | 藁城市 | 341323 | 灵璧县 | 452200 | 柳州地区 |
| 130183 | 晋州市 | 341324 | 泗县 | 452201 | 合山市 |
| 130184 | 新乐市 | 341400 | 巢湖市 | 452223 | 鹿寨县 |
| 130185 | 鹿泉市 | 341401 | 市辖区 | 452224 | 象州县 |
| 130200 | 唐山市 | 341402 | 居巢区 | 452225 | 武宣县 |
| 130201 | 市辖区 | 341421 | 庐江县 | 452226 | 来宾县 |
| 130202 | 路南区 | 341422 | 无为县 | 452227 | 融安县 |
| 130203 | 路北区 | 341423 | 含山县 | 452228 | 三江侗族自治县 |
| 130204 | 古冶区 | 341424 | 和县 | 452229 | 融水苗族自治县 |
| 130205 | 开平区 | 341500 | 六安市 | 452230 | 金秀瑶族自治县 |
| 130206 | 新区 | 341501 | 市辖区 | 452231 | 忻城县 |

| 行政区划代码 | 对应地市 | 行政区划代码 | 对应地市 | 行政区划代码 | 对应地市 |
|---|---|---|---|---|---|
| 130221 | 丰润县 | 341502 | 金安区 | 452400 | 贺州地区 |
| 130223 | 滦县 | 341503 | 裕安区 | 452402 | 贺州市 |
| 130224 | 滦南县 | 341521 | 寿县 | 452424 | 昭平县 |
| 130225 | 乐亭县 | 341522 | 霍邱县 | 452427 | 钟山县 |
| 130227 | 迁西县 | 341523 | 舒城县 | 452428 | 富川瑶族自治县 |
| 130229 | 玉田县 | 341524 | 金寨县 | 452600 | 百色地区 |
| 130230 | 唐海县 | 341525 | 霍山县 | 452601 | 百色市 |
| 130281 | 遵化市 | 341600 | 亳州市 | 452622 | 田阳县 |
| 130282 | 丰南市 | 341601 | 市辖区 | 452623 | 田东县 |
| 130283 | 迁安市 | 341602 | 谯城区 | 452624 | 平果县 |
| 130300 | 秦皇岛市 | 341621 | 涡阳县 | 452625 | 德保县 |
| 130301 | 市辖区 | 341622 | 蒙城县 | 452626 | 靖西县 |
| 130302 | 海港区 | 341623 | 利辛县 | 452627 | 那坡县 |
| 130303 | 山海关区 | 341700 | 池州市 | 452628 | 凌云县 |
| 130304 | 北戴河区 | 341701 | 市辖区 | 452629 | 乐业县 |
| 130321 | 青龙满族自治县 | 341702 | 贵池区 | 452630 | 田林县 |
| 130322 | 昌黎县 | 341721 | 东至县 | 452631 | 隆林各族自治县 |
| 130323 | 抚宁县 | 341722 | 石台县 | 452632 | 西林县 |
| 130324 | 卢龙县 | 341723 | 青阳县 | 452700 | 河池地区 |
| 130400 | 邯郸市 | 341800 | 宣城市 | 452701 | 河池市 |
| 130401 | 市辖区 | 341801 | 市辖区 | 452702 | 宜州市 |
| 130402 | 邯山区 | 341802 | 宣州区 | 452723 | 罗城仫佬族自治县 |
| 130403 | 从台区 | 341821 | 郎溪县 | 452724 | 环江毛南族自治县 |
| 130404 | 复兴区 | 341822 | 广德县 | 452725 | 南丹县 |
| 130406 | 峰峰矿区 | 341823 | 泾县 | 452726 | 天峨县 |
| 130421 | 邯郸县 | 341824 | 绩溪县 | 452727 | 凤山县 |
| 130423 | 临漳县 | 341825 | 旌德县 | 452728 | 东兰县 |
| 130424 | 成安县 | 341881 | 宁国市 | 452729 | 巴马瑶族自治县 |
| 130425 | 大名县 | 350000 | 福建省 | 452730 | 都安瑶族自治县 |
| 130426 | 涉县 | 350100 | 福州市 | 452731 | 大化瑶族自治县 |
| 130427 | 磁县 | 350101 | 市辖区 | 460000 | 海南省 |
| 130428 | 肥乡县 | 350102 | 鼓楼区 | 460100 | 海口市 |
| 130429 | 永年县 | 350103 | 台江区 | 460101 | 市辖区 |
| 130430 | 邱县 | 350104 | 仓山区 | 460102 | 振东区 |
| 130431 | 鸡泽县 | 350105 | 马尾区 | 460103 | 新华区 |
| 130432 | 广平县 | 350111 | 晋安区 | 460104 | 秀英区 |
| 130433 | 馆陶县 | 350121 | 闽侯县 | 460200 | 三亚市 |

| 行政区划代码 | 对应地市 | 行政区划代码 | 对应地市 | 行政区划代码 | 对应地市 |
|---|---|---|---|---|---|
| 130434 | 魏县 | 350122 | 连江县 | 460201 | 市辖区 |
| 130435 | 曲周县 | 350123 | 罗源县 | 469000 | 省直辖县级行政区划 |
| 130481 | 武安市 | 350124 | 闽清县 | 469001 | 五指山市 |
| 130500 | 邢台市 | 350125 | 永泰县 | 469002 | 琼海市 |
| 130501 | 市辖区 | 350128 | 平潭县 | 469003 | 儋州市 |
| 130502 | 桥东区 | 350181 | 福清市 | 469004 | 琼山市 |
| 130503 | 桥西区 | 350182 | 长乐市 | 469005 | 文昌市 |
| 130521 | 邢台县 | 350200 | 厦门市 | 469006 | 万宁市 |
| 130522 | 临城县 | 350201 | 市辖区 | 469007 | 东方市 |
| 130523 | 内丘县 | 350202 | 鼓浪屿区 | 469021 | 定安县 |
| 130524 | 柏乡县 | 350203 | 思明区 | 469022 | 屯昌县 |
| 130525 | 隆尧县 | 350204 | 开元区 | 469023 | 澄迈县 |
| 130526 | 任县 | 350205 | 杏林区 | 469024 | 临高县 |
| 130527 | 南和县 | 350206 | 湖里区 | 469025 | 白沙黎族自治县 |
| 130528 | 宁晋县 | 350211 | 集美区 | 469026 | 昌江黎族自治县 |
| 130529 | 巨鹿县 | 350212 | 同安区 | 469027 | 乐东黎族自治县 |
| 130530 | 新河县 | 350300 | 莆田市 | 469028 | 陵水黎族自治县 |
| 130531 | 广宗县 | 350301 | 市辖区 | 469029 | 保亭黎族苗族自治县 |
| 130532 | 平乡县 | 350302 | 城厢区 | 469030 | 琼中黎族苗族自治县 |
| 130533 | 威县 | 350303 | 涵江区 | 469031 | 西沙群岛 |
| 130534 | 清河县 | 350321 | 莆田县 | 469032 | 南沙群岛 |
| 130535 | 临西县 | 350322 | 仙游县 | 469033 | 中沙群岛的岛礁及其海域 |
| 130581 | 南宫市 | 350400 | 三明市 | 500000 | 重庆市 |
| 130582 | 沙河市 | 350401 | 市辖区 | 500100 | 市辖区 |
| 130600 | 保定市 | 350402 | 梅列区 | 500101 | 万州区 |
| 130601 | 市辖区 | 350403 | 三元区 | 500102 | 涪陵区 |
| 130602 | 新市区 | 350421 | 明溪县 | 500103 | 渝中区 |
| 130603 | 北市区 | 350423 | 清流县 | 500104 | 大渡口区 |
| 130604 | 南市区 | 350424 | 宁化县 | 500105 | 江北区 |
| 130621 | 满城县 | 350425 | 大田县 | 500106 | 沙坪坝区 |
| 130622 | 清苑县 | 350426 | 尤溪县 | 500107 | 九龙坡区 |
| 130623 | 涞水县 | 350427 | 沙县 | 500108 | 南岸区 |
| 130624 | 阜平县 | 350428 | 将乐县 | 500109 | 北碚区 |
| 130625 | 徐水县 | 350429 | 泰宁县 | 500110 | 万盛区 |
| 130626 | 定兴县 | 350430 | 建宁县 | 500111 | 双桥区 |
| 130627 | 唐县 | 350481 | 永安市 | 500112 | 渝北区 |

| 行政区划代码 | 对应地市 | 行政区划代码 | 对应地市 | 行政区划代码 | 对应地市 |
|---|---|---|---|---|---|
| 130628 | 高阳县 | 350500 | 泉州市 | 500113 | 巴南区 |
| 130629 | 容城县 | 350501 | 市辖区 | 500114 | 黔江区 |
| 130630 | 涞源县 | 350502 | 鲤城区 | 500115 | 长寿区 |
| 130631 | 望都县 | 350503 | 丰泽区 | 500200 | 县 |
| 130632 | 安新县 | 350504 | 洛江区 | 500222 | 綦江县 |
| 130633 | 易县 | 350505 | 泉港区 | 500223 | 潼南县 |
| 130634 | 曲阳县 | 350521 | 惠安县 | 500224 | 铜梁县 |
| 130635 | 蠡县 | 350524 | 安溪县 | 500225 | 大足县 |
| 130636 | 顺平县 | 350525 | 永春县 | 500226 | 荣昌县 |
| 130637 | 博野县 | 350526 | 德化县 | 500227 | 璧山县 |
| 130638 | 雄县 | 350527 | 金门县 | 500228 | 梁平县 |
| 130681 | 涿州市 | 350581 | 石狮市 | 500229 | 城口县 |
| 130682 | 定州市 | 350582 | 晋江市 | 500230 | 丰都县 |
| 130683 | 安国市 | 350583 | 南安市 | 500231 | 垫江县 |
| 130684 | 高碑店市 | 350600 | 漳州市 | 500232 | 武隆县 |
| 130700 | 张家口市 | 350601 | 市辖区 | 500233 | 忠县 |
| 130701 | 市辖区 | 350602 | 芗城区 | 500234 | 开县 |
| 130702 | 桥东区 | 350603 | 龙文区 | 500235 | 云阳县 |
| 130703 | 桥西区 | 350622 | 云霄县 | 500236 | 奉节县 |
| 130705 | 宣化区 | 350623 | 漳浦县 | 500237 | 巫山县 |
| 130706 | 下花园区 | 350624 | 诏安县 | 500238 | 巫溪县 |
| 130721 | 宣化县 | 350625 | 长泰县 | 500240 | 石柱土家族自治县 |
| 130722 | 张北县 | 350626 | 东山县 | 500241 | 秀山土家族苗族自治县 |
| 130723 | 康保县 | 350627 | 南靖县 | 500242 | 酉阳土家族苗族自治县 |
| 130724 | 沽源县 | 350628 | 平和县 | 500243 | 彭水苗族土家族自治县 |
| 130725 | 尚义县 | 350629 | 华安县 | 500300 | 市 |
| 130726 | 蔚县 | 350681 | 龙海市 | 500381 | 江津市 |
| 130727 | 阳原县 | 350700 | 南平市 | 500382 | 合川市 |
| 130728 | 怀安县 | 350701 | 市辖区 | 500383 | 永川市 |
| 130729 | 万全县 | 350702 | 延平区 | 500384 | 南川市 |
| 130730 | 怀来县 | 350721 | 顺昌县 | 510000 | 四川省 |
| 130731 | 涿鹿县 | 350722 | 浦城县 | 510100 | 成都市 |
| 130732 | 赤城县 | 350723 | 光泽县 | 510101 | 市辖区 |
| 130733 | 崇礼县 | 350724 | 松溪县 | 510104 | 锦江区 |
| 130800 | 承德市 | 350725 | 政和县 | 510105 | 青羊区 |
| 130801 | 市辖区 | 350781 | 邵武市 | 510106 | 金牛区 |

| 行政区划代码 | 对应地市 | 行政区划代码 | 对应地市 | 行政区划代码 | 对应地市 |
|---|---|---|---|---|---|
| 130802 | 双桥区 | 350782 | 武夷山市 | 510107 | 武侯区 |
| 130803 | 双滦区 | 350783 | 建瓯市 | 510108 | 成华区 |
| 130804 | 鹰手营子矿区 | 350784 | 建阳市 | 510109 | 高新区 |
| 130821 | 承德县 | 350800 | 龙岩市 | 510112 | 龙泉驿区 |
| 130822 | 兴隆县 | 350801 | 市辖区 | 510113 | 青白江区 |
| 130823 | 平泉县 | 350802 | 新罗区 | 510121 | 金堂县 |
| 130824 | 滦平县 | 350821 | 长汀县 | 510122 | 双流县 |
| 130825 | 隆化县 | 350822 | 永定县 | 510123 | 温江县 |
| 130826 | 丰宁满族自治县 | 350823 | 上杭县 | 510124 | 郫县 |
| 130827 | 宽城满族自治县 | 350824 | 武平县 | 510125 | 新都县 |
| 130828 | 围场满族蒙古族自治县 | 350825 | 连城县 | 510129 | 大邑县 |
| 130900 | 沧州市 | 350881 | 漳平市 | 510131 | 蒲江县 |
| 130901 | 市辖区 | 350900 | 宁德市 | 510132 | 新津县 |
| 130902 | 新华区 | 350901 | 市辖区 | 510181 | 都江堰市 |
| 130903 | 运河区 | 350902 | 蕉城区 | 510182 | 彭州市 |
| 130921 | 沧县 | 350921 | 霞浦县 | 510183 | 邛崃市 |
| 130922 | 青县 | 350922 | 古田县 | 510184 | 崇州市 |
| 130923 | 东光县 | 350923 | 屏南县 | 510300 | 自贡市 |
| 130924 | 海兴县 | 350924 | 寿宁县 | 510301 | 市辖区 |
| 130925 | 盐山县 | 350925 | 周宁县 | 510302 | 自流井区 |
| 130926 | 肃宁县 | 350926 | 柘荣县 | 510303 | 贡井区 |
| 130927 | 南皮县 | 350981 | 福安市 | 510304 | 大安区 |
| 130928 | 吴桥县 | 350982 | 福鼎市 | 510311 | 沿滩区 |
| 130929 | 献县 | 360000 | 江西省 | 510321 | 荣县 |
| 130930 | 孟村回族自治县 | 360100 | 南昌市 | 510322 | 富顺县 |
| 130981 | 泊头市 | 360101 | 市辖区 | 510400 | 攀枝花市 |
| 130982 | 任丘市 | 360102 | 东湖区 | 510401 | 市辖区 |
| 130983 | 黄骅市 | 360103 | 西湖区 | 510402 | 东区 |
| 130984 | 河间市 | 360104 | 青云谱区 | 510403 | 西区 |
| 131000 | 廊坊市 | 360105 | 湾里区 | 510411 | 仁和区 |
| 131001 | 市辖区 | 360111 | 郊区 | 510421 | 米易县 |
| 131002 | 安次区 | 360121 | 南昌县 | 510422 | 盐边县 |
| 131003 | 广阳区 | 360122 | 新建县 | 510500 | 泸州市 |
| 131022 | 固安县 | 360123 | 安义县 | 510501 | 市辖区 |
| 131023 | 永清县 | 360124 | 进贤县 | 510502 | 江阳区 |

| 行政区划代码 | 对应地市 | 行政区划代码 | 对应地市 | 行政区划代码 | 对应地市 |
| --- | --- | --- | --- | --- | --- |
| 131024 | 香河县 | 360200 | 景德镇市 | 510503 | 纳溪区 |
| 131025 | 大城县 | 360201 | 市辖区 | 510504 | 龙马潭区 |
| 131026 | 文安县 | 360202 | 昌江区 | 510521 | 泸县 |
| 131028 | 大厂回族自治县 | 360203 | 珠山区 | 510522 | 合江县 |
| 131081 | 霸州市 | 360222 | 浮梁县 | 510524 | 叙永县 |
| 131082 | 三河市 | 360281 | 乐平市 | 510525 | 古蔺县 |
| 131100 | 衡水市 | 360300 | 萍乡市 | 510600 | 德阳市 |
| 131101 | 市辖区 | 360301 | 市辖区 | 510601 | 市辖区 |
| 131102 | 桃城区 | 360302 | 安源区 | 510603 | 旌阳区 |
| 131121 | 枣强县 | 360313 | 湘东区 | 510623 | 中江县 |
| 131122 | 武邑县 | 360321 | 莲花县 | 510626 | 罗江县 |
| 131123 | 武强县 | 360322 | 上栗县 | 510681 | 广汉市 |
| 131124 | 饶阳县 | 360323 | 芦溪县 | 510682 | 什邡市 |
| 131125 | 安平县 | 360400 | 九江市 | 510683 | 绵竹市 |
| 131126 | 故城县 | 360401 | 市辖区 | 510700 | 绵阳市 |
| 131127 | 景县 | 360402 | 庐山区 | 510701 | 市辖区 |
| 131128 | 阜城县 | 360403 | 浔阳区 | 510703 | 涪城区 |
| 131181 | 冀州市 | 360421 | 九江县 | 510704 | 游仙区 |
| 131182 | 深州市 | 360423 | 武宁县 | 510722 | 三台县 |
| 140000 | 山西省 | 360424 | 修水县 | 510723 | 盐亭县 |
| 140100 | 太原市 | 360425 | 永修县 | 510724 | 安县 |
| 140101 | 市辖区 | 360426 | 德安县 | 510725 | 梓潼县 |
| 140105 | 小店区 | 360427 | 星子县 | 510726 | 北川县 |
| 140106 | 迎泽区 | 360428 | 都昌县 | 510727 | 平武县 |
| 140107 | 杏花岭区 | 360429 | 湖口县 | 510781 | 江油市 |
| 140108 | 尖草坪区 | 360430 | 彭泽县 | 510800 | 广元市 |
| 140109 | 万柏林区 | 360481 | 瑞昌市 | 510801 | 市辖区 |
| 140110 | 晋源区 | 360500 | 新余市 | 510802 | 市中区 |
| 140121 | 清徐县 | 360501 | 市辖区 | 510811 | 元坝区 |
| 140122 | 阳曲县 | 360502 | 渝水区 | 510812 | 朝天区 |
| 140123 | 娄烦县 | 360521 | 分宜县 | 510821 | 旺苍县 |
| 140181 | 古交市 | 360600 | 鹰潭市 | 510822 | 青川县 |
| 140200 | 大同市 | 360601 | 市辖区 | 510823 | 剑阁县 |
| 140201 | 市辖区 | 360602 | 月湖区 | 510824 | 苍溪县 |
| 140202 | 城区 | 360622 | 余江县 | 510900 | 遂宁市 |
| 140203 | 矿区 | 360681 | 贵溪市 | 510901 | 市辖区 |
| 140211 | 南郊区 | 360700 | 赣州市 | 510902 | 市中区 |
| 140212 | 新荣区 | 360701 | 市辖区 | 510921 | 蓬溪县 |
| 140221 | 阳高县 | 360702 | 章贡区 | 510922 | 射洪县 |

| 行政区划代码 | 对应地市 | 行政区划代码 | 对应地市 | 行政区划代码 | 对应地市 |
|---|---|---|---|---|---|
| 140222 | 天镇县 | 360721 | 赣县 | 510923 | 大英县 |
| 140223 | 广灵县 | 360722 | 信丰县 | 511000 | 内江市 |
| 140224 | 灵丘县 | 360723 | 大余县 | 511001 | 市辖区 |
| 140225 | 浑源县 | 360724 | 上犹县 | 511002 | 市中区 |
| 140226 | 左云县 | 360725 | 崇义县 | 511011 | 东兴区 |
| 140227 | 大同县 | 360726 | 安远县 | 511024 | 威远县 |
| 140300 | 阳泉市 | 360727 | 龙南县 | 511025 | 资中县 |
| 140301 | 市辖区 | 360728 | 定南县 | 511028 | 隆昌县 |
| 140302 | 城区 | 360729 | 全南县 | 511100 | 乐山市 |
| 140303 | 矿区 | 360730 | 宁都县 | 511101 | 市辖区 |
| 140311 | 郊区 | 360731 | 于都县 | 511102 | 市中区 |
| 140321 | 平定县 | 360732 | 兴国县 | 511111 | 沙湾区 |
| 140322 | 盂县 | 360733 | 会昌县 | 511112 | 五通桥区 |
| 140400 | 长治市 | 360734 | 寻乌县 | 511113 | 金口河区 |
| 140401 | 市辖区 | 360735 | 石城县 | 511123 | 犍为县 |
| 140402 | 城区 | 360781 | 瑞金市 | 511124 | 井研县 |
| 140411 | 郊区 | 360782 | 南康市 | 511126 | 夹江县 |
| 140421 | 长治县 | 360800 | 吉安市 | 511129 | 沐川县 |
| 140423 | 襄垣县 | 360801 | 市辖区 | 511132 | 峨边彝族自治县 |
| 140424 | 屯留县 | 360802 | 吉州区 | 511133 | 马边彝族自治县 |
| 140425 | 平顺县 | 360803 | 青原区 | 511181 | 峨眉山市 |
| 140426 | 黎城县 | 360821 | 吉安县 | 511300 | 南充市 |
| 140427 | 壶关县 | 360822 | 吉水县 | 511301 | 市辖区 |
| 140428 | 长子县 | 360823 | 峡江县 | 511302 | 顺庆区 |
| 140429 | 武乡县 | 360824 | 新干县 | 511303 | 高坪区 |
| 140430 | 沁县 | 360825 | 永丰县 | 511304 | 嘉陵区 |
| 140431 | 沁源县 | 360826 | 泰和县 | 511321 | 南部县 |
| 140481 | 潞城市 | 360827 | 遂川县 | 511322 | 营山县 |
| 140500 | 晋城市 | 360828 | 万安县 | 511323 | 蓬安县 |
| 140501 | 市辖区 | 360829 | 安福县 | 511324 | 仪陇县 |
| 140502 | 城区 | 360830 | 永新县 | 511325 | 西充县 |
| 140521 | 沁水县 | 360881 | 井冈山市 | 511381 | 阆中市 |
| 140522 | 阳城县 | 360900 | 宜春市 | 511400 | 眉山市 |
| 140524 | 陵川县 | 360901 | 市辖区 | 511401 | 市辖区 |
| 140525 | 泽州县 | 360902 | 袁州区 | 511402 | 东坡区 |
| 140581 | 高平市 | 360921 | 奉新县 | 511421 | 仁寿县 |
| 140600 | 朔州市 | 360922 | 万载县 | 511422 | 彭山县 |
| 140601 | 市辖区 | 360923 | 上高县 | 511423 | 洪雅县 |
| 140602 | 朔城区 | 360924 | 宜丰县 | 511424 | 丹棱县 |
| 140603 | 平鲁区 | 360925 | 靖安县 | 511425 | 青神县 |

| 行政区划代码 | 对应地市 | 行政区划代码 | 对应地市 | 行政区划代码 | 对应地市 |
|---|---|---|---|---|---|
| 140621 | 山阴县 | 360926 | 铜鼓县 | 511500 | 宜宾市 |
| 140622 | 应县 | 360981 | 丰城市 | 511501 | 市辖区 |
| 140623 | 右玉县 | 360982 | 樟树市 | 511502 | 翠屏区 |
| 140624 | 怀仁县 | 360983 | 高安市 | 511521 | 宜宾县 |
| 140700 | 晋中市 | 361000 | 抚州市 | 511522 | 南溪县 |
| 140701 | 市辖区 | 361001 | 市辖区 | 511523 | 江安县 |
| 140702 | 榆次区 | 361002 | 临川区 | 511524 | 长宁县 |
| 140721 | 榆社县 | 361021 | 南城县 | 511525 | 高县 |
| 140722 | 左权县 | 361022 | 黎川县 | 511526 | 珙县 |
| 140723 | 和顺县 | 361023 | 南丰县 | 511527 | 筠连县 |
| 140724 | 昔阳县 | 361024 | 崇仁县 | 511528 | 兴文县 |
| 140725 | 寿阳县 | 361025 | 乐安县 | 511529 | 屏山县 |
| 140726 | 太谷县 | 361026 | 宜黄县 | 511600 | 广安市 |
| 140727 | 祁县 | 361027 | 金溪县 | 511601 | 市辖区 |
| 140728 | 平遥县 | 361028 | 资溪县 | 511602 | 广安区 |
| 140729 | 灵石县 | 361029 | 东乡县 | 511621 | 岳池县 |
| 140781 | 介休市 | 361030 | 广昌县 | 511622 | 武胜县 |
| 140800 | 运城市 | 361100 | 上饶市 | 511623 | 邻水县 |
| 140801 | 市辖区 | 361101 | 市辖区 | 511681 | 华蓥市 |
| 140802 | 盐湖区 | 361102 | 信州区 | 511700 | 达州市 |
| 140821 | 临猗县 | 361121 | 上饶县 | 511701 | 市辖区 |
| 140822 | 万荣县 | 361122 | 广丰县 | 511702 | 通川区 |
| 140823 | 闻喜县 | 361123 | 玉山县 | 511721 | 达县 |
| 140824 | 稷山县 | 361124 | 铅山县 | 511722 | 宣汉县 |
| 140825 | 新绛县 | 361125 | 横峰县 | 511723 | 开江县 |
| 140826 | 绛县 | 361126 | 弋阳县 | 511724 | 大竹县 |
| 140827 | 垣曲县 | 361127 | 余干县 | 511725 | 渠县 |
| 140828 | 夏县 | 361128 | 波阳县 | 511781 | 万源市 |
| 140829 | 平陆县 | 361129 | 万年县 | 511800 | 雅安市 |
| 140830 | 芮城县 | 361130 | 婺源县 | 511801 | 市辖区 |
| 140881 | 永济市 | 361181 | 德兴市 | 511802 | 雨城区 |
| 140882 | 河津市 | 370000 | 山东省 | 511821 | 名山县 |
| 140900 | 忻州市 | 370100 | 济南市 | 511822 | 荥经县 |
| 140901 | 市辖区 | 370101 | 市辖区 | 511823 | 汉源县 |
| 140902 | 忻府区 | 370102 | 历下区 | 511824 | 石棉县 |
| 140921 | 定襄县 | 370103 | 市中区 | 511825 | 天全县 |
| 140922 | 五台县 | 370104 | 槐荫区 | 511826 | 芦山县 |
| 140923 | 代县 | 370105 | 天桥区 | 511827 | 宝兴县 |
| 140924 | 繁峙县 | 370112 | 历城区 | 511900 | 巴中市 |
| 140925 | 宁武县 | 370113 | 长清区 | 511901 | 市辖区 |

| 行政区划代码 | 对应地市 | 行政区划代码 | 对应地市 | 行政区划代码 | 对应地市 |
|---|---|---|---|---|---|
| 140926 | 静乐县 | 370124 | 平阴县 | 511902 | 巴州区 |
| 140927 | 神池县 | 370125 | 济阳县 | 511921 | 通江县 |
| 140928 | 五寨县 | 370126 | 商河县 | 511922 | 南江县 |
| 140929 | 岢岚县 | 370181 | 章丘市 | 511923 | 平昌县 |
| 140930 | 河曲县 | 370200 | 青岛市 | 512000 | 资阳市 |
| 140931 | 保德县 | 370201 | 市辖区 | 512001 | 市辖区 |
| 140932 | 偏关县 | 370202 | 市南区 | 512002 | 雁江区 |
| 140981 | 原平市 | 370203 | 市北区 | 512021 | 安岳县 |
| 141000 | 临汾市 | 370205 | 四方区 | 512022 | 乐至县 |
| 141001 | 市辖区 | 370211 | 黄岛区 | 512081 | 简阳市 |
| 141002 | 尧都区 | 370212 | 崂山区 | 513200 | 阿坝藏族羌族自治州 |
| 141021 | 曲沃县 | 370213 | 李沧区 | 513221 | 汶川县 |
| 141022 | 翼城县 | 370214 | 城阳区 | 513222 | 理县 |
| 141023 | 襄汾县 | 370281 | 胶州市 | 513223 | 茂县 |
| 141024 | 洪洞县 | 370282 | 即墨市 | 513224 | 松潘县 |
| 141025 | 古县 | 370283 | 平度市 | 513225 | 九寨沟县 |
| 141026 | 安泽县 | 370284 | 胶南市 | 513226 | 金川县 |
| 141027 | 浮山县 | 370285 | 莱西市 | 513227 | 小金县 |
| 141028 | 吉县 | 370300 | 淄博市 | 513228 | 黑水县 |
| 141029 | 乡宁县 | 370301 | 市辖区 | 513229 | 马尔康县 |
| 141030 | 大宁县 | 370302 | 淄川区 | 513230 | 壤塘县 |
| 141031 | 隰县 | 370303 | 张店区 | 513231 | 阿坝县 |
| 141032 | 永和县 | 370304 | 博山区 | 513232 | 若尔盖县 |
| 141033 | 蒲县 | 370305 | 临淄区 | 513233 | 红原县 |
| 141034 | 汾西县 | 370306 | 周村区 | 513300 | 甘孜藏族自治州 |
| 141081 | 侯马市 | 370321 | 桓台县 | 513321 | 康定县 |
| 141082 | 霍州市 | 370322 | 高青县 | 513322 | 泸定县 |
| 142300 | 吕梁地区 | 370323 | 沂源县 | 513323 | 丹巴县 |
| 142301 | 孝义市 | 370400 | 枣庄市 | 513324 | 九龙县 |
| 142302 | 离石市 | 370401 | 市辖区 | 513325 | 雅江县 |
| 142303 | 汾阳市 | 370402 | 市中区 | 513326 | 道孚县 |
| 142322 | 文水县 | 370403 | 薛城区 | 513327 | 炉霍县 |
| 142323 | 交城县 | 370404 | 峄城区 | 513328 | 甘孜县 |
| 142325 | 兴县 | 370405 | 台儿庄区 | 513329 | 新龙县 |
| 142326 | 临县 | 370406 | 山亭区 | 513330 | 德格县 |
| 142327 | 柳林县 | 370481 | 滕州市 | 513331 | 白玉县 |
| 142328 | 石楼县 | 370500 | 东营市 | 513332 | 石渠县 |
| 142329 | 岚县 | 370501 | 市辖区 | 513333 | 色达县 |
| 142330 | 方山县 | 370502 | 东营区 | 513334 | 理塘县 |

| 行政区划代码 | 对应地市 | 行政区划代码 | 对应地市 | 行政区划代码 | 对应地市 |
|---|---|---|---|---|---|
| 142332 | 中阳县 | 370503 | 河口区 | 513335 | 巴塘县 |
| 142333 | 交口县 | 370521 | 垦利县 | 513336 | 乡城县 |
| 150000 | 内蒙古自治区 | 370522 | 利津县 | 513337 | 稻城县 |
| 150100 | 呼和浩特市 | 370523 | 广饶县 | 513338 | 得荣县 |
| 150101 | 市辖区 | 370600 | 烟台市 | 513400 | 凉山彝族自治州 |
| 150102 | 新城区 | 370601 | 市辖区 | 513401 | 西昌市 |
| 150103 | 回民区 | 370602 | 芝罘区 | 513422 | 木里藏族自治县 |
| 150104 | 玉泉区 | 370611 | 福山区 | 513423 | 盐源县 |
| 150105 | 赛罕区 | 370612 | 牟平区 | 513424 | 德昌县 |
| 150121 | 土默特左旗 | 370613 | 莱山区 | 513425 | 会理县 |
| 150122 | 托克托县 | 370634 | 长岛县 | 513426 | 会东县 |
| 150123 | 和林格尔县 | 370681 | 龙口市 | 513427 | 宁南县 |
| 150124 | 清水河县 | 370682 | 莱阳市 | 513428 | 普格县 |
| 150125 | 武川县 | 370683 | 莱州市 | 513429 | 布拖县 |
| 150200 | 包头市 | 370684 | 蓬莱市 | 513430 | 金阳县 |
| 150201 | 市辖区 | 370685 | 招远市 | 513431 | 昭觉县 |
| 150202 | 东河区 | 370686 | 栖霞市 | 513432 | 喜德县 |
| 150203 | 昆都仑区 | 370687 | 海阳市 | 513433 | 冕宁县 |
| 150204 | 青山区 | 370700 | 潍坊市 | 513434 | 越西县 |
| 150205 | 石拐区 | 370701 | 市辖区 | 513435 | 甘洛县 |
| 150206 | 白云矿区 | 370702 | 潍城区 | 513436 | 美姑县 |
| 150207 | 九原区 | 370703 | 寒亭区 | 513437 | 雷波县 |
| 150221 | 土默特右旗 | 370704 | 坊子区 | 520000 | 贵州省 |
| 150222 | 固阳县 | 370705 | 奎文区 | 520100 | 贵阳市 |
| 150223 | 达尔罕茂明安联合 | 370724 | 临朐县 | 520101 | 市辖区 |
| 150300 | 乌海市 | 370725 | 昌乐县 | 520102 | 南明区 |
| 150301 | 市辖区 | 370781 | 青州市 | 520103 | 云岩区 |
| 150302 | 海勃湾区 | 370782 | 诸城市 | 520111 | 花溪区 |
| 150303 | 海南区 | 370783 | 寿光市 | 520112 | 乌当区 |
| 150304 | 乌达区 | 370784 | 安丘市 | 520113 | 白云区 |
| 150400 | 赤峰市 | 370785 | 高密市 | 520114 | 小河区 |
| 150401 | 市辖区 | 370786 | 昌邑市 | 520121 | 开阳县 |
| 150402 | 红山区 | 370800 | 济宁市 | 520122 | 息烽县 |
| 150403 | 元宝山区 | 370801 | 市辖区 | 520123 | 修文县 |
| 150404 | 松山区 | 370802 | 市中区 | 520181 | 清镇市 |
| 150421 | 阿鲁科尔沁旗 | 370811 | 任城区 | 520200 | 六盘水市 |
| 150422 | 巴林左旗 | 370826 | 微山县 | 520201 | 钟山区 |

| 行政区划代码 | 对应地市 | 行政区划代码 | 对应地市 | 行政区划代码 | 对应地市 |
|---|---|---|---|---|---|
| 150423 | 巴林右旗 | 370827 | 鱼台县 | 520203 | 六枝特区 |
| 150424 | 林西县 | 370828 | 金乡县 | 520221 | 水城县 |
| 150425 | 克什克腾旗 | 370829 | 嘉祥县 | 520222 | 盘县 |
| 150426 | 翁牛特旗 | 370830 | 汶上县 | 520300 | 遵义市 |
| 150428 | 喀喇沁旗 | 370831 | 泗水县 | 520301 | 市辖区 |
| 150429 | 宁城县 | 370832 | 梁山县 | 520302 | 红花岗区 |
| 150430 | 敖汉旗 | 370881 | 曲阜市 | 520321 | 遵义县 |
| 150500 | 通辽市 | 370882 | 兖州市 | 520322 | 桐梓县 |
| 150501 | 市辖区 | 370883 | 邹城市 | 520323 | 绥阳县 |
| 150502 | 科尔沁区 | 370900 | 泰安市 | 520324 | 正安县 |
| 150521 | 科尔沁左翼中旗 | 370901 | 市辖区 | 520325 | 道真仡佬族苗族自治县 |
| 150522 | 科尔沁左翼后旗 | 370902 | 泰山区 | 520326 | 务川仡佬族苗族自治县 |
| 150523 | 开鲁县 | 370911 | 岱岳区 | 520327 | 凤冈县 |
| 150524 | 库伦旗 | 370921 | 宁阳县 | 520328 | 湄潭县 |
| 150525 | 奈曼旗 | 370923 | 东平县 | 520329 | 余庆县 |
| 150526 | 扎鲁特旗 | 370982 | 新泰市 | 520330 | 习水县 |
| 150581 | 霍林郭勒市 | 370983 | 肥城市 | 520381 | 赤水市 |
| 150600 | 鄂尔多斯市 | 371000 | 威海市 | 520382 | 仁怀市 |
| 150601 | 市辖区 | 371001 | 市辖区 | 520400 | 安顺市 |
| 150602 | 东胜区 | 371002 | 环翠区 | 520401 | 市辖区 |
| 150621 | 达拉特旗 | 371081 | 文登市 | 520402 | 西秀区 |
| 150622 | 准格尔旗 | 371082 | 荣成市 | 520421 | 平坝县 |
| 150623 | 鄂托克前旗 | 371083 | 乳山市 | 520422 | 普定县 |
| 150624 | 鄂托克旗 | 371100 | 日照市 | 520423 | 镇宁布依族苗族自治县 |
| 150625 | 杭锦旗 | 371101 | 市辖区 | 520424 | 关岭布依族苗族自治县 |
| 150626 | 乌审旗 | 371102 | 东港区 | 520425 | 紫云苗族布依族自治县 |
| 150627 | 伊金霍洛旗 | 371121 | 五莲县 | 522200 | 铜仁地区 |
| 150700 | 呼伦贝尔市 | 371122 | 莒县 | 522201 | 铜仁市 |
| 150701 | 市辖区 | 371200 | 莱芜市 | 522222 | 江口县 |
| 150702 | 海拉尔区 | 371201 | 市辖区 | 522223 | 玉屏侗族自治县 |
| 150721 | 阿荣旗 | 371202 | 莱城区 | 522224 | 石阡县 |
| 150722 | 莫力达瓦达斡尔族自治县 | 371203 | 钢城区 | 522225 | 思南县 |

| 行政区划代码 | 对应地市 | 行政区划代码 | 对应地市 | 行政区划代码 | 对应地市 |
|---|---|---|---|---|---|
| 150723 | 鄂伦春自治旗 | 371300 | 临沂市 | 522226 | 印江土家族苗族自治县 |
| 150724 | 鄂温克族自治旗 | 371301 | 市辖区 | 522227 | 德江县 |
| 150725 | 陈巴尔虎旗 | 371302 | 兰山区 | 522228 | 沿河土家族自治县 |
| 150726 | 新巴尔虎左旗 | 371311 | 罗庄区 | 522229 | 松桃苗族自治县 |
| 150727 | 新巴尔虎右旗 | 371312 | 河东区 | 522230 | 万山特区 |
| 150781 | 满洲里市 | 371321 | 沂南县 | 522300 | 黔西南布依族苗族自治州 |
| 150782 | 牙克石市 | 371322 | 郯城县 | 522301 | 兴义市 |
| 150783 | 扎兰屯市 | 371323 | 沂水县 | 522322 | 兴仁县 |
| 150784 | 额尔古纳市 | 371324 | 苍山县 | 522323 | 普安县 |
| 150785 | 根河市 | 371325 | 费县 | 522324 | 晴隆县 |
| 152200 | 兴安盟 | 371326 | 平邑县 | 522325 | 贞丰县 |
| 152201 | 乌兰浩特市 | 371327 | 莒南县 | 522326 | 望谟县 |
| 152202 | 阿尔山市 | 371328 | 蒙阴县 | 522327 | 册亨县 |
| 152221 | 科尔沁右翼前旗 | 371329 | 临沭县 | 522328 | 安龙县 |
| 152222 | 科尔沁右翼中旗 | 371400 | 德州市 | 522400 | 毕节地区 |
| 152223 | 扎赉特旗 | 371401 | 市辖区 | 522401 | 毕节市 |
| 152224 | 突泉县 | 371402 | 德城区 | 522422 | 大方县 |
| 152500 | 锡林郭勒盟 | 371421 | 陵县 | 522423 | 黔西县 |
| 152501 | 二连浩特市 | 371422 | 宁津县 | 522424 | 金沙县 |
| 152502 | 锡林浩特市 | 371423 | 庆云县 | 522425 | 织金县 |
| 152522 | 阿巴嘎旗 | 371424 | 临邑县 | 522426 | 纳雍县 |
| 152523 | 苏尼特左旗 | 371425 | 齐河县 | 522427 | 威宁彝族回族苗族自治县 |
| 152524 | 苏尼特右旗 | 371426 | 平原县 | 522428 | 赫章县 |
| 152525 | 东乌珠穆沁旗 | 371427 | 夏津县 | 522600 | 黔东南苗族侗族自治州 |
| 152526 | 西乌珠穆沁旗 | 371428 | 武城县 | 522601 | 凯里市 |
| 152527 | 太仆寺旗 | 371481 | 乐陵市 | 522622 | 黄平县 |
| 152528 | 镶黄旗 | 371482 | 禹城市 | 522623 | 施秉县 |
| 152529 | 正镶白旗 | 371500 | 聊城市 | 522624 | 三穗县 |
| 152530 | 正蓝旗 | 371501 | 市辖区 | 522625 | 镇远县 |

| 行政区划代码 | 对应地市 | 行政区划代码 | 对应地市 | 行政区划代码 | 对应地市 |
|---|---|---|---|---|---|
| 152531 | 多伦县 | 371502 | 东昌府区 | 522626 | 岑巩县 |
| 152600 | 乌兰察布盟 | 371521 | 阳谷县 | 522627 | 天柱县 |
| 152601 | 集宁市 | 371522 | 莘县 | 522628 | 锦屏县 |
| 152602 | 丰镇市 | 371523 | 茌平县 | 522629 | 剑河县 |
| 152624 | 卓资县 | 371524 | 东阿县 | 522630 | 台江县 |
| 152625 | 化德县 | 371525 | 冠县 | 522631 | 黎平县 |
| 152626 | 商都县 | 371526 | 高唐县 | 522632 | 榕江县 |
| 152627 | 兴和县 | 371581 | 临清市 | 522633 | 从江县 |
| 152629 | 凉城县 | 371600 | 滨州市 | 522634 | 雷山县 |
| 152630 | 察哈尔右翼前旗 | 371601 | 市辖区 | 522635 | 麻江县 |
| 152631 | 察哈尔右翼中旗 | 371602 | 滨城区 | 522636 | 丹寨县 |
| 152632 | 察哈尔右翼后旗 | 371621 | 惠民县 | 522700 | 黔南布依族苗族自治州 |
| 152634 | 四子王旗 | 371622 | 阳信县 | 522701 | 都匀市 |
| 152800 | 巴彦淖尔盟 | 371623 | 无棣县 | 522702 | 福泉市 |
| 152801 | 临河市 | 371624 | 沾化县 | 522722 | 荔波县 |
| 152822 | 五原县 | 371625 | 博兴县 | 522723 | 贵定县 |
| 152823 | 磴口县 | 371626 | 邹平县 | 522725 | 瓮安县 |
| 152824 | 乌拉特前旗 | 371700 | 菏泽市 | 522726 | 独山县 |
| 152825 | 乌拉特中旗 | 371701 | 市辖区 | 522727 | 平塘县 |
| 152826 | 乌拉特后旗 | 371702 | 牡丹区 | 522728 | 罗甸县 |
| 152827 | 杭锦后旗 | 371721 | 曹县 | 522729 | 长顺县 |
| 152900 | 阿拉善盟 | 371722 | 单县 | 522730 | 龙里县 |
| 152921 | 阿拉善左旗 | 371723 | 成武县 | 522731 | 惠水县 |
| 152922 | 阿拉善右旗 | 371724 | 巨野县 | 522732 | 三都水族自治县 |
| 152923 | 额济纳旗 | 371725 | 郓城县 | 530000 | 云南省 |
| 210000 | 辽宁省 | 371726 | 鄄城县 | 530100 | 昆明市 |
| 210100 | 沈阳市 | 371727 | 定陶县 | 530101 | 市辖区 |
| 210101 | 市辖区 | 371728 | 东明县 | 530102 | 五华区 |
| 210102 | 和平区 | 410000 | 河南省 | 530103 | 盘龙区 |
| 210103 | 沈河区 | 410100 | 郑州市 | 530111 | 官渡区 |
| 210104 | 大东区 | 410101 | 市辖区 | 530112 | 西山区 |
| 210105 | 皇姑区 | 410102 | 中原区 | 530113 | 东川区 |
| 210106 | 铁西区 | 410103 | 二七区 | 530121 | 呈贡县 |
| 210111 | 苏家屯区 | 410104 | 管城回族区 | 530122 | 晋宁县 |
| 210112 | 东陵区 | 410105 | 金水区 | 530124 | 富民县 |
| 210113 | 新城子区 | 410106 | 上街区 | 530125 | 宜良县 |
| 210114 | 于洪区 | 410108 | 邙山区 | 530126 | 石林彝族自治县 |

| 行政区划代码 | 对应地市 | 行政区划代码 | 对应地市 | 行政区划代码 | 对应地市 |
|---|---|---|---|---|---|
| 210122 | 辽中县 | 410122 | 中牟县 | 530127 | 嵩明县 |
| 210123 | 康平县 | 410181 | 巩义市 | 530128 | 禄劝彝族苗族自治县 |
| 210124 | 法库县 | 410182 | 荥阳市 | 530129 | 寻甸回族彝族自治县 |
| 210181 | 新民市 | 410183 | 新密市 | 530181 | 安宁市 |
| 210200 | 大连市 | 410184 | 新郑市 | 530300 | 曲靖市 |
| 210201 | 市辖区 | 410185 | 登封市 | 530301 | 市辖区 |
| 210202 | 中山区 | 410200 | 开封市 | 530302 | 麒麟区 |
| 210203 | 西岗区 | 410201 | 市辖区 | 530321 | 马龙县 |
| 210204 | 沙河口区 | 410202 | 龙亭区 | 530322 | 陆良县 |
| 210211 | 甘井子区 | 410203 | 顺河回族区 | 530323 | 师宗县 |
| 210212 | 旅顺口区 | 410204 | 鼓楼区 | 530324 | 罗平县 |
| 210213 | 金州区 | 410205 | 南关区 | 530325 | 富源县 |
| 210224 | 长海县 | 410211 | 郊区 | 530326 | 会泽县 |
| 210281 | 瓦房店市 | 410221 | 杞县 | 530328 | 沾益县 |
| 210282 | 普兰店市 | 410222 | 通许县 | 530381 | 宣威市 |
| 210283 | 庄河市 | 410223 | 尉氏县 | 530400 | 玉溪市 |
| 210300 | 鞍山市 | 410224 | 开封县 | 530401 | 市辖区 |
| 210301 | 市辖区 | 410225 | 兰考县 | 530402 | 红塔区 |
| 210302 | 铁东区 | 410300 | 洛阳市 | 530421 | 江川县 |
| 210303 | 铁西区 | 410301 | 市辖区 | 530422 | 澄江县 |
| 210304 | 立山区 | 410302 | 老城区 | 530423 | 通海县 |
| 210311 | 千山区 | 410303 | 西工区 | 530424 | 华宁县 |
| 210321 | 台安县 | 410304 | 瀍河回族区 | 530425 | 易门县 |
| 210323 | 岫岩满族自治县 | 410305 | 涧西区 | 530426 | 峨山彝族自治县 |
| 210381 | 海城市 | 410306 | 吉利区 | 530427 | 新平彝族傣族自治县 |
| 210400 | 抚顺市 | 410311 | 洛龙区 | 530428 | 元江哈尼族彝族傣自治县 |
| 210401 | 市辖区 | 410322 | 孟津县 | 530500 | 保山市 |
| 210402 | 新抚区 | 410323 | 新安县 | 530501 | 市辖区 |
| 210403 | 东洲区 | 410324 | 栾川县 | 530502 | 隆阳区 |
| 210404 | 望花区 | 410325 | 嵩县 | 530521 | 施甸县 |
| 210411 | 顺城区 | 410326 | 汝阳县 | 530522 | 腾冲县 |
| 210421 | 抚顺县 | 410327 | 宜阳县 | 530523 | 龙陵县 |
| 210422 | 新宾满族自治县 | 410328 | 洛宁县 | 530524 | 昌宁县 |

| 行政区划代码 | 对应地市 | 行政区划代码 | 对应地市 | 行政区划代码 | 对应地市 |
|---|---|---|---|---|---|
| 210423 | 清原满族自治县 | 410329 | 伊川县 | 530600 | 昭通市 |
| 210500 | 本溪市 | 410381 | 偃师市 | 530601 | 市辖区 |
| 210501 | 市辖区 | 410400 | 平顶山市 | 530602 | 昭阳区 |
| 210502 | 平山区 | 410401 | 市辖区 | 530621 | 鲁甸县 |
| 210503 | 溪湖区 | 410402 | 新华区 | 530622 | 巧家县 |
| 210504 | 明山区 | 410403 | 卫东区 | 530623 | 盐津县 |
| 210505 | 南芬区 | 410404 | 石龙区 | 530624 | 大关县 |
| 210521 | 本溪满族自治县 | 410411 | 湛河区 | 530625 | 永善县 |
| 210522 | 桓仁满族自治县 | 410421 | 宝丰县 | 530626 | 绥江县 |
| 210600 | 丹东市 | 410422 | 叶县 | 530627 | 镇雄县 |
| 210601 | 市辖区 | 410423 | 鲁山县 | 530628 | 彝良县 |
| 210602 | 元宝区 | 410425 | 郏县 | 530629 | 威信县 |
| 210603 | 振兴区 | 410481 | 舞钢市 | 530630 | 水富县 |
| 210604 | 振安区 | 410482 | 汝州市 | 532300 | 楚雄彝族自治州 |
| 210624 | 宽甸满族自治县 | 410500 | 安阳市 | 532301 | 楚雄市 |
| 210681 | 东港市 | 410501 | 市辖区 | 532322 | 双柏县 |
| 210682 | 凤城市 | 410502 | 文峰区 | 532323 | 牟定县 |
| 210700 | 锦州市 | 410503 | 北关区 | 532324 | 南华县 |
| 210701 | 市辖区 | 410504 | 铁西区 | 532325 | 姚安县 |
| 210702 | 古塔区 | 410511 | 郊区 | 532326 | 大姚县 |
| 210703 | 凌河区 | 410522 | 安阳县 | 532327 | 永仁县 |
| 210711 | 太和区 | 410523 | 汤阴县 | 532328 | 元谋县 |
| 210726 | 黑山县 | 410526 | 滑县 | 532329 | 武定县 |
| 210727 | 义县 | 410527 | 内黄县 | 532331 | 禄丰县 |
| 210781 | 凌海市 | 410581 | 林州市 | 532500 | 红河哈尼族彝族自治州 |
| 210782 | 北宁市 | 410600 | 鹤壁市 | 532501 | 个旧市 |
| 210800 | 营口市 | 410601 | 市辖区 | 532502 | 开远市 |
| 210801 | 市辖区 | 410602 | 鹤山区 | 532522 | 蒙自县 |
| 210802 | 站前区 | 410603 | 山城区 | 532523 | 屏边苗族自治县 |
| 210803 | 西市区 | 410611 | 淇滨区 | 532524 | 建水县 |
| 210804 | 鲅鱼圈区 | 410621 | 浚县 | 532525 | 石屏县 |
| 210811 | 老边区 | 410622 | 淇县 | 532526 | 弥勒县 |
| 210881 | 盖州市 | 410700 | 新乡市 | 532527 | 泸西县 |
| 210882 | 大石桥市 | 410701 | 市辖区 | 532528 | 元阳县 |
| 210900 | 阜新市 | 410702 | 红旗区 | 532529 | 红河县 |

| 行政区划代码 | 对应地市 | 行政区划代码 | 对应地市 | 行政区划代码 | 对应地市 |
|---|---|---|---|---|---|
| 210901 | 市辖区 | 410703 | 新华区 | 532530 | 金平苗族瑶族傣族自治县 |
| 210902 | 海州区 | 410704 | 北站区 | 532531 | 绿春县 |
| 210903 | 新邱区 | 410711 | 郊区 | 532532 | 河口瑶族自治县 |
| 210904 | 太平区 | 410721 | 新乡县 | 532600 | 文山壮族苗族自治州 |
| 210905 | 清河门区 | 410724 | 获嘉县 | 532621 | 文山县 |
| 210911 | 细河区 | 410725 | 原阳县 | 532622 | 砚山县 |
| 210921 | 阜新蒙古族自治县 | 410726 | 延津县 | 532623 | 西畴县 |
| 210922 | 彰武县 | 410727 | 封丘县 | 532624 | 麻栗坡县 |
| 211000 | 辽阳市 | 410728 | 长垣县 | 532625 | 马关县 |
| 211001 | 市辖区 | 410781 | 卫辉市 | 532626 | 丘北县 |
| 211002 | 白塔区 | 410782 | 辉县市 | 532627 | 广南县 |
| 211003 | 文圣区 | 410800 | 焦作市 | 532628 | 富宁县 |
| 211004 | 宏伟区 | 410801 | 市辖区 | 532700 | 思茅地区 |
| 211005 | 弓长岭区 | 410802 | 解放区 | 532701 | 思茅市 |
| 211011 | 太子河区 | 410803 | 中站区 | 532722 | 普洱哈尼族彝族自治县 |
| 211021 | 辽阳县 | 410804 | 马村区 | 532723 | 墨江哈尼族自治县 |
| 211081 | 灯塔市 | 410811 | 山阳区 | 532724 | 景东彝族自治县 |
| 211100 | 盘锦市 | 410821 | 修武县 | 532725 | 景谷傣族彝族自治县 |
| 211101 | 市辖区 | 410822 | 博爱县 | 532726 | 镇沅彝族哈尼族拉祜族自治县 |
| 211102 | 双台子区 | 410823 | 武陟县 | 532727 | 江城哈尼族彝族自治县 |
| 211103 | 兴隆台区 | 410825 | 温县 | 532728 | 孟连傣族拉祜族佤族自治县 |
| 211121 | 大洼县 | 410881 | 济源市 | 532729 | 澜沧拉祜族自治县 |
| 211122 | 盘山县 | 410882 | 沁阳市 | 532730 | 西盟佤族自治县 |
| 211200 | 铁岭市 | 410883 | 孟州市 | 532800 | 西双版纳傣族自治县 |
| 211201 | 市辖区 | 410900 | 濮阳市 | 532801 | 景洪市 |
| 211202 | 银州区 | 410901 | 市辖区 | 532822 | 勐海县 |
| 211204 | 清河区 | 410902 | 市区 | 532823 | 勐腊县 |
| 211221 | 铁岭县 | 410922 | 清丰县 | 532900 | 大理白族自治州 |
| 211223 | 西丰县 | 410923 | 南乐县 | 532901 | 大理市 |

| 行政区划代码 | 对应地市 | 行政区划代码 | 对应地市 | 行政区划代码 | 对应地市 |
|---|---|---|---|---|---|
| 211224 | 昌图县 | 410926 | 范县 | 532922 | 漾濞彝族自治县 |
| 211281 | 铁法市 | 410927 | 台前县 | 532923 | 祥云县 |
| 211282 | 开原市 | 410928 | 濮阳县 | 532924 | 宾川县 |
| 211300 | 朝阳市 | 411000 | 许昌市 | 532925 | 弥渡县 |
| 211301 | 市辖区 | 411001 | 市辖区 | 532926 | 南涧彝族自治县 |
| 211302 | 双塔区 | 411002 | 魏都区 | 532927 | 巍山彝族回族自治县 |
| 211303 | 龙城区 | 411023 | 许昌县 | 532928 | 永平县 |
| 211321 | 朝阳县 | 411024 | 鄢陵县 | 532929 | 云龙县 |
| 211322 | 建平县 | 411025 | 襄城县 | 532930 | 洱源县 |
| 211324 | 喀喇沁左翼蒙古族自治县 | 411081 | 禹州市 | 532931 | 剑川县 |
| 211381 | 北票市 | 411082 | 长葛市 | 532932 | 鹤庆县 |
| 211382 | 凌源市 | 411100 | 漯河市 | 533100 | 德宏傣族景颇族自治州 |
| 211400 | 葫芦岛市 | 411101 | 市辖区 | 533102 | 瑞丽市 |
| 211401 | 市辖区 | 411102 | 源汇区 | 533103 | 潞西市 |
| 211402 | 连山区 | 411121 | 舞阳县 | 533122 | 梁河县 |
| 211403 | 龙港区 | 411122 | 临颍县 | 533123 | 盈江县 |
| 211404 | 南票区 | 411123 | 郾城县 | 533124 | 陇川县 |
| 211421 | 绥中县 | 411200 | 三门峡市 | 533200 | 丽江地区 |
| 211422 | 建昌县 | 411201 | 市辖区 | 533221 | 丽江纳西族自治县 |
| 211481 | 兴城市 | 411202 | 湖滨区 | 533222 | 永胜县 |
| 220000 | 吉林省 | 411221 | 渑池县 | 533223 | 华坪县 |
| 220100 | 长春市 | 411222 | 陕县 | 533224 | 宁蒗彝族自治县 |
| 220101 | 市辖区 | 411224 | 卢氏县 | 533300 | 怒江傈僳族自治州 |
| 220102 | 南关区 | 411281 | 义马市 | 533321 | 泸水县 |
| 220103 | 宽城区 | 411282 | 灵宝市 | 533323 | 福贡县 |
| 220104 | 朝阳区 | 411300 | 南阳市 | 533324 | 贡山独龙族怒族自治县 |
| 220105 | 二道区 | 411301 | 市辖区 | 533325 | 兰坪白族普米族自治县 |
| 220106 | 绿园区 | 411302 | 宛城区 | 533400 | 迪庆藏族自治州 |
| 220112 | 双阳区 | 411303 | 卧龙区 | 533421 | 香格里拉县 |
| 220122 | 农安县 | 411321 | 南召县 | 533422 | 德钦县 |
| 220181 | 九台市 | 411322 | 方城县 | 533423 | 维西傈僳族自治县 |

| 行政区划代码 | 对应地市 | 行政区划代码 | 对应地市 | 行政区划代码 | 对应地市 |
|---|---|---|---|---|---|
| 220182 | 榆树市 | 411323 | 西峡县 | 533500 | 临沧地区 |
| 220183 | 德惠市 | 411324 | 镇平县 | 533521 | 临沧县 |
| 220200 | 吉林市 | 411325 | 内乡县 | 533522 | 凤庆县 |
| 220201 | 市辖区 | 411326 | 淅川县 | 533523 | 云县 |
| 220202 | 昌邑区 | 411327 | 社旗县 | 533524 | 永德县 |
| 220203 | 龙潭区 | 411328 | 唐河县 | 533525 | 镇康县 |
| 220204 | 船营区 | 411329 | 新野县 | 533526 | 双江拉祜族佤族布朗族傣族自治县 |
| 220211 | 丰满区 | 411330 | 桐柏县 | 533527 | 耿马傣族佤族自治县 |
| 220221 | 永吉县 | 411381 | 邓州市 | 533528 | 沧源佤族自治县 |
| 220281 | 蛟河市 | 411400 | 商丘市 | 540000 | 西藏自治区 |
| 220282 | 桦甸市 | 411401 | 市辖区 | 540100 | 拉萨市 |
| 220283 | 舒兰市 | 411402 | 梁园区 | 540101 | 市辖区 |
| 220284 | 磐石市 | 411403 | 睢阳区 | 540102 | 城关区 |
| 220300 | 四平市 | 411421 | 民权县 | 540121 | 林周县 |
| 220301 | 市辖区 | 411422 | 睢县 | 540122 | 当雄县 |
| 220302 | 铁西区 | 411423 | 宁陵县 | 540123 | 尼木县 |
| 220303 | 铁东区 | 411424 | 柘城县 | 540124 | 曲水县 |
| 220322 | 梨树县 | 411425 | 虞城县 | 540125 | 堆龙德庆县 |
| 220323 | 伊通满族自治县 | 411426 | 夏邑县 | 540126 | 达孜县 |
| 220381 | 公主岭市 | 411481 | 永城市 | 540127 | 墨竹工卡县 |
| 220382 | 双辽市 | 411500 | 信阳市 | 542100 | 昌都地区 |
| 220400 | 辽源市 | 411501 | 市辖区 | 542121 | 昌都县 |
| 220401 | 市辖区 | 411502 | 浉河区 | 542122 | 江达县 |
| 220402 | 龙山区 | 411503 | 平桥区 | 542123 | 贡觉县 |
| 220403 | 西安区 | 411521 | 罗山县 | 542124 | 类乌齐县 |
| 220421 | 东丰县 | 411522 | 光山县 | 542125 | 丁青县 |
| 220422 | 东辽县 | 411523 | 新县 | 542126 | 察雅县 |
| 220500 | 通化市 | 411524 | 商城县 | 542127 | 八宿县 |
| 220501 | 市辖区 | 411525 | 固始县 | 542128 | 左贡县 |
| 220502 | 东昌区 | 411526 | 潢川县 | 542129 | 芒康县 |
| 220503 | 二道江区 | 411527 | 淮滨县 | 542132 | 洛隆县 |
| 220521 | 通化县 | 411528 | 息县 | 542133 | 边坝县 |
| 220523 | 辉南县 | 411600 | 周口市 | 542200 | 山南地区 |
| 220524 | 柳河县 | 411601 | 市辖区 | 542221 | 乃东县 |
| 220581 | 梅河口市 | 411602 | 川汇区 | 542222 | 扎囊县 |
| 220582 | 集安市 | 411621 | 扶沟县 | 542223 | 贡嘎县 |

| 行政区划代码 | 对应地市 | 行政区划代码 | 对应地市 | 行政区划代码 | 对应地市 |
|---|---|---|---|---|---|
| 220600 | 白山市 | 411622 | 西华县 | 542224 | 桑日县 |
| 220601 | 市辖区 | 411623 | 商水县 | 542225 | 琼结县 |
| 220602 | 八道江区 | 411624 | 沈丘县 | 542226 | 曲松县 |
| 220621 | 抚松县 | 411625 | 郸城县 | 542227 | 措美县 |
| 220622 | 靖宇县 | 411626 | 淮阳县 | 542228 | 洛扎县 |
| 220623 | 长白朝鲜族自治县 | 411627 | 太康县 | 542229 | 加查县 |
| 220625 | 江源县 | 411628 | 鹿邑县 | 542231 | 隆子县 |
| 220681 | 临江市 | 411681 | 项城市 | 542232 | 错那县 |
| 220700 | 松原市 | 411700 | 驻马店市 | 542233 | 浪卡子县 |
| 220701 | 市辖区 | 411701 | 市辖区 | 542300 | 日喀则地区 |
| 220702 | 宁江区 | 411702 | 驿城区 | 542301 | 日喀则市 |
| 220721 | 前郭尔罗斯蒙古族 | 411721 | 西平县 | 542322 | 南木林县 |
| 220722 | 长岭县 | 411722 | 上蔡县 | 542323 | 江孜县 |
| 220723 | 乾安县 | 411723 | 平舆县 | 542324 | 定日县 |
| 220724 | 扶余县 | 411724 | 正阳县 | 542325 | 萨迦县 |
| 220800 | 白城市 | 411725 | 确山县 | 542326 | 拉孜县 |
| 220801 | 市辖区 | 411726 | 泌阳县 | 542327 | 昂仁县 |
| 220802 | 洮北区 | 411727 | 汝南县 | 542328 | 谢通门县 |
| 220821 | 镇赉县 | 411728 | 遂平县 | 542329 | 白朗县 |
| 220822 | 通榆县 | 411729 | 新蔡县 | 542330 | 仁布县 |
| 220881 | 洮南市 | 420000 | 湖北省 | 542331 | 康马县 |
| 220882 | 大安市 | 420100 | 武汉市 | 542332 | 定结县 |
| 222400 | 延边朝鲜族自治州 | 420101 | 市辖区 | 542333 | 仲巴县 |
| 222401 | 延吉市 | 420102 | 江岸区 | 542334 | 亚东县 |
| 222402 | 图们市 | 420103 | 江汉区 | 542335 | 吉隆县 |
| 222403 | 敦化市 | 420104 | 乔口区 | 542336 | 聂拉木县 |
| 222404 | 珲春市 | 420105 | 汉阳区 | 542337 | 萨嘎县 |
| 222405 | 龙井市 | 420106 | 武昌区 | 542338 | 岗巴县 |
| 222406 | 和龙市 | 420107 | 青山区 | 542400 | 那曲地区 |
| 222424 | 汪清县 | 420111 | 洪山区 | 542421 | 那曲县 |
| 222426 | 安图县 | 420112 | 东西湖区 | 542422 | 嘉黎县 |
| 230000 | 黑龙江省 | 420113 | 汉南区 | 542423 | 比如县 |
| 230100 | 哈尔滨市 | 420114 | 蔡甸区 | 542424 | 聂荣县 |
| 230101 | 市辖区 | 420115 | 江夏区 | 542425 | 安多县 |
| 230102 | 道里区 | 420116 | 黄陂区 | 542426 | 申扎县 |
| 230103 | 南岗区 | 420117 | 新洲区 | 542427 | 索县 |
| 230104 | 道外区 | 420200 | 黄石市 | 542428 | 班戈县 |

| 行政区划代码 | 对应地市 | 行政区划代码 | 对应地市 | 行政区划代码 | 对应地市 |
| --- | --- | --- | --- | --- | --- |
| 230105 | 太平区 | 420201 | 市辖区 | 542429 | 巴青县 |
| 230106 | 香坊区 | 420202 | 黄石港区 | 542430 | 尼玛县 |
| 230107 | 动力区 | 420203 | 西塞山区 | 542500 | 阿里地区 |
| 230108 | 平房区 | 420204 | 下陆区 | 542521 | 普兰县 |
| 230121 | 呼兰县 | 420205 | 铁山区 | 542522 | 札达县 |
| 230123 | 依兰县 | 420222 | 阳新县 | 542523 | 噶尔县 |
| 230124 | 方正县 | 420281 | 大冶市 | 542524 | 日土县 |
| 230125 | 宾县 | 420300 | 十堰市 | 542525 | 革吉县 |
| 230126 | 巴彦县 | 420301 | 市辖区 | 542526 | 改则县 |
| 230127 | 木兰县 | 420302 | 茅箭区 | 542527 | 措勤县 |
| 230128 | 通河县 | 420303 | 张湾区 | 542600 | 林芝地区 |
| 230129 | 延寿县 | 420321 | 郧县 | 542621 | 林芝县 |
| 230181 | 阿城市 | 420322 | 郧西县 | 542622 | 工布江达县 |
| 230182 | 双城市 | 420323 | 竹山县 | 542623 | 米林县 |
| 230183 | 尚志市 | 420324 | 竹溪县 | 542624 | 墨脱县 |
| 230184 | 五常市 | 420325 | 房县 | 542625 | 波密县 |
| 230200 | 齐齐哈尔市 | 420381 | 丹江口市 | 542626 | 察隅县 |
| 230201 | 市辖区 | 420500 | 宜昌市 | 542627 | 朗县 |
| 230202 | 龙沙区 | 420501 | 市辖区 | 610000 | 陕西省 |
| 230203 | 建华区 | 420502 | 西陵区 | 610100 | 西安市 |
| 230204 | 铁锋区 | 420503 | 伍家岗区 | 610101 | 市辖区 |
| 230205 | 昂昂溪区 | 420504 | 点军区 | 610102 | 新城区 |
| 230206 | 富拉尔基区 | 420505 | 猇亭区 | 610103 | 碑林区 |
| 230207 | 碾子山区 | 420506 | 夷陵区 | 610104 | 莲湖区 |
| 230208 | 梅里斯达斡尔族区 | 420525 | 远安县 | 610111 | 灞桥区 |
| 230221 | 龙江县 | 420526 | 兴山县 | 610112 | 未央区 |
| 230223 | 依安县 | 420527 | 秭归县 | 610113 | 雁塔区 |
| 230224 | 泰来县 | 420528 | 长阳土家族自治县 | 610114 | 阎良区 |
| 230225 | 甘南县 | 420529 | 五峰土家族自治县 | 610115 | 临潼区 |
| 230227 | 富裕县 | 420581 | 宜都市 | 610121 | 长安县 |
| 230229 | 克山县 | 420582 | 当阳市 | 610122 | 蓝田县 |
| 230230 | 克东县 | 420583 | 枝江市 | 610124 | 周至县 |
| 230231 | 拜泉县 | 420600 | 襄樊市 | 610125 | 户县 |
| 230281 | 讷河市 | 420601 | 市辖区 | 610126 | 高陵县 |
| 230300 | 鸡西市 | 420602 | 襄城区 | 610200 | 铜川市 |
| 230301 | 市辖区 | 420606 | 樊城区 | 610201 | 市辖区 |
| 230302 | 鸡冠区 | 420607 | 襄阳区 | 610202 | 王益区 |

| 行政区划代码 | 对应地市 | 行政区划代码 | 对应地市 | 行政区划代码 | 对应地市 |
| --- | --- | --- | --- | --- | --- |
| 230303 | 恒山区 | 420624 | 南漳县 | 610203 | 印台区 |
| 230304 | 滴道区 | 420625 | 谷城县 | 610221 | 耀县 |
| 230305 | 梨树区 | 420626 | 保康县 | 610222 | 宜君县 |
| 230306 | 城子河区 | 420682 | 老河口市 | 610300 | 宝鸡市 |
| 230307 | 麻山区 | 420683 | 枣阳市 | 610301 | 市辖区 |
| 230321 | 鸡东县 | 420684 | 宜城市 | 610302 | 渭滨区 |
| 230381 | 虎林市 | 420700 | 鄂州市 | 610303 | 金台区 |
| 230382 | 密山市 | 420701 | 市辖区 | 610321 | 宝鸡县 |
| 230400 | 鹤岗市 | 420702 | 梁子湖区 | 610322 | 凤翔县 |
| 230401 | 市辖区 | 420703 | 华容区 | 610323 | 岐山县 |
| 230402 | 向阳区 | 420704 | 鄂城区 | 610324 | 扶风县 |
| 230403 | 工农区 | 420800 | 荆门市 | 610326 | 眉县 |
| 230404 | 南山区 | 420801 | 市辖区 | 610327 | 陇县 |
| 230405 | 兴安区 | 420802 | 东宝区 | 610328 | 千阳县 |
| 230406 | 东山区 | 420804 | 掇刀区 | 610329 | 麟游县 |
| 230407 | 兴山区 | 420821 | 京山县 | 610330 | 凤县 |
| 230421 | 萝北县 | 420822 | 沙洋县 | 610331 | 太白县 |
| 230422 | 绥滨县 | 420881 | 钟祥市 | 610400 | 咸阳市 |
| 230500 | 双鸭山市 | 420900 | 孝感市 | 610401 | 市辖区 |
| 230501 | 市辖区 | 420901 | 市辖区 | 610402 | 秦都区 |
| 230502 | 尖山区 | 420902 | 孝南区 | 610403 | 杨凌区 |
| 230503 | 岭东区 | 420921 | 孝昌县 | 610404 | 渭城区 |
| 230505 | 四方台区 | 420922 | 大悟县 | 610422 | 三原县 |
| 230506 | 宝山区 | 420923 | 云梦县 | 610423 | 泾阳县 |
| 230521 | 集贤县 | 420981 | 应城市 | 610424 | 乾县 |
| 230522 | 友谊县 | 420982 | 安陆市 | 610425 | 礼泉县 |
| 230523 | 宝清县 | 420984 | 汉川市 | 610426 | 永寿县 |
| 230524 | 饶河县 | 421000 | 荆州市 | 610427 | 彬县 |
| 230600 | 大庆市 | 421001 | 市辖区 | 610428 | 长武县 |
| 230601 | 市辖区 | 421002 | 沙市区 | 610429 | 旬邑县 |
| 230602 | 萨尔图区 | 421003 | 荆州区 | 610430 | 淳化县 |
| 230603 | 龙凤区 | 421022 | 公安县 | 610431 | 武功县 |
| 230604 | 让胡路区 | 421023 | 监利县 | 610481 | 兴平市 |
| 230605 | 红岗区 | 421024 | 江陵县 | 610500 | 渭南市 |
| 230606 | 大同区 | 421081 | 石首市 | 610501 | 市辖区 |
| 230621 | 肇州县 | 421083 | 洪湖市 | 610502 | 临渭区 |
| 230622 | 肇源县 | 421087 | 松滋市 | 610521 | 华县 |
| 230623 | 林甸县 | 421100 | 黄冈市 | 610522 | 潼关县 |
| 230624 | 杜尔伯特蒙古族自治县 | 421101 | 市辖区 | 610523 | 大荔县 |

| 行政区划代码 | 对应地市 | 行政区划代码 | 对应地市 | 行政区划代码 | 对应地市 |
|---|---|---|---|---|---|
| 230700 | 伊春市 | 421102 | 黄州区 | 610524 | 合阳县 |
| 230701 | 市辖区 | 421121 | 团风县 | 610525 | 澄城县 |
| 230702 | 伊春区 | 421122 | 红安县 | 610526 | 蒲城县 |
| 230703 | 南岔区 | 421123 | 罗田县 | 610527 | 白水县 |
| 230704 | 友好区 | 421124 | 英山县 | 610528 | 富平县 |
| 230705 | 西林区 | 421125 | 浠水县 | 610581 | 韩城市 |
| 230706 | 翠峦区 | 421126 | 蕲春县 | 610582 | 华阴市 |
| 230707 | 新青区 | 421127 | 黄梅县 | 610600 | 延安市 |
| 230708 | 美溪区 | 421181 | 麻城市 | 610601 | 市辖区 |
| 230709 | 金山屯区 | 421182 | 武穴市 | 610602 | 宝塔区 |
| 230710 | 五营区 | 421200 | 咸宁市 | 610621 | 延长县 |
| 230711 | 乌马河区 | 421201 | 市辖区 | 610622 | 延川县 |
| 230712 | 汤旺河区 | 421202 | 咸安区 | 610623 | 子长县 |
| 230713 | 带岭区 | 421221 | 嘉鱼县 | 610624 | 安塞县 |
| 230714 | 乌伊岭区 | 421222 | 通城县 | 610625 | 志丹县 |
| 230715 | 红星区 | 421223 | 崇阳县 | 610626 | 吴旗县 |
| 230716 | 上甘岭区 | 421224 | 通山县 | 610627 | 甘泉县 |
| 230722 | 嘉荫县 | 421281 | 赤壁市 | 610628 | 富县 |
| 230781 | 铁力市 | 421300 | 随州市 | 610629 | 洛川县 |
| 230800 | 佳木斯市 | 421301 | 市辖区 | 610630 | 宜川县 |
| 230801 | 市辖区 | 421302 | 曾都区 | 610631 | 黄龙县 |
| 230802 | 永红区 | 421381 | 广水市 | 610632 | 黄陵县 |
| 230803 | 向阳区 | 422800 | 恩施土家族苗族自治县 | 610700 | 汉中市 |
| 230804 | 前进区 | 422801 | 恩施市 | 610701 | 市辖区 |
| 230805 | 东风区 | 422802 | 利川市 | 610702 | 汉台区 |
| 230811 | 郊区 | 422822 | 建始县 | 610721 | 南郑县 |
| 230822 | 桦南县 | 422823 | 巴东县 | 610722 | 城固县 |
| 230826 | 桦川县 | 422825 | 宣恩县 | 610723 | 洋县 |
| 230828 | 汤原县 | 422826 | 咸丰县 | 610724 | 西乡县 |
| 230833 | 抚远县 | 422827 | 来凤县 | 610725 | 勉县 |
| 230881 | 同江市 | 422828 | 鹤峰县 | 610726 | 宁强县 |
| 230882 | 富锦市 | 429000 | 省直辖县级行政区划 | 610727 | 略阳县 |
| 230900 | 七台河市 | 429004 | 仙桃市 | 610728 | 镇巴县 |
| 230901 | 市辖区 | 429005 | 潜江市 | 610729 | 留坝县 |
| 230902 | 新兴区 | 429006 | 天门市 | 610730 | 佛坪县 |
| 230903 | 桃山区 | 429021 | 神农架林区 | 610800 | 榆林市 |
| 230904 | 茄子河区 | 430000 | 湖南省 | 610801 | 市辖区 |
| 230921 | 勃利县 | 430100 | 长沙市 | 610802 | 榆阳区 |

| 行政区划代码 | 对应地市 | 行政区划代码 | 对应地市 | 行政区划代码 | 对应地市 |
|---|---|---|---|---|---|
| 231000 | 牡丹江市 | 430101 | 市辖区 | 610821 | 神木县 |
| 231001 | 市辖区 | 430102 | 芙蓉区 | 610822 | 府谷县 |
| 231002 | 东安区 | 430103 | 天心区 | 610823 | 横山县 |
| 231003 | 阳明区 | 430104 | 岳麓区 | 610824 | 靖边县 |
| 231004 | 爱民区 | 430105 | 开福区 | 610825 | 定边县 |
| 231005 | 西安区 | 430111 | 雨花区 | 610826 | 绥德县 |
| 231024 | 东宁县 | 430121 | 长沙县 | 610827 | 米脂县 |
| 231025 | 林口县 | 430122 | 望城县 | 610828 | 佳县 |
| 231081 | 绥芬河市 | 430124 | 宁乡县 | 610829 | 吴堡县 |
| 231083 | 海林市 | 430181 | 浏阳市 | 610830 | 清涧县 |
| 231084 | 宁安市 | 430200 | 株洲市 | 610831 | 子洲县 |
| 231085 | 穆棱市 | 430201 | 市辖区 | 610900 | 安康市 |
| 231100 | 黑河市 | 430202 | 荷塘区 | 610901 | 市辖区 |
| 231101 | 市辖区 | 430203 | 芦淞区 | 610902 | 汉滨区 |
| 231102 | 爱辉区 | 430204 | 石峰区 | 610921 | 汉阴县 |
| 231121 | 嫩江县 | 430211 | 天元区 | 610922 | 石泉县 |
| 231123 | 逊克县 | 430221 | 株洲县 | 610923 | 宁陕县 |
| 231124 | 孙吴县 | 430223 | 攸县 | 610924 | 紫阳县 |
| 231181 | 北安市 | 430224 | 茶陵县 | 610925 | 岚皋县 |
| 231182 | 五大连池市 | 430225 | 炎陵县 | 610926 | 平利县 |
| 231200 | 绥化市 | 430281 | 醴陵市 | 610927 | 镇坪县 |
| 231201 | 市辖区 | 430300 | 湘潭市 | 610928 | 旬阳县 |
| 231202 | 北林区 | 430301 | 市辖区 | 610929 | 白河县 |
| 231221 | 望奎县 | 430302 | 雨湖区 | 611000 | 商洛市 |
| 231222 | 兰西县 | 430304 | 岳塘区 | 611001 | 市辖区 |
| 231223 | 青冈县 | 430321 | 湘潭县 | 611002 | 商州区 |
| 231224 | 庆安县 | 430381 | 湘乡市 | 611021 | 洛南县 |
| 231225 | 明水县 | 430382 | 韶山市 | 611022 | 丹凤县 |
| 231226 | 绥棱县 | 430400 | 衡阳市 | 611023 | 商南县 |
| 231281 | 安达市 | 430401 | 市辖区 | 611024 | 山阳县 |
| 231282 | 肇东市 | 430405 | 珠晖区 | 611025 | 镇安县 |
| 231283 | 海伦市 | 430406 | 雁峰区 | 611026 | 柞水县 |
| 232700 | 大兴安岭地区 | 430407 | 石鼓区 | 620000 | 甘肃省 |
| 232721 | 呼玛县 | 430408 | 蒸湘区 | 620100 | 兰州市 |
| 232722 | 塔河县 | 430412 | 南岳区 | 620101 | 市辖区 |
| 232723 | 漠河县 | 430421 | 衡阳县 | 620102 | 城关区 |
| 310000 | 上海市 | 430422 | 衡南县 | 620103 | 七里河区 |
| 310100 | 市辖区 | 430423 | 衡山县 | 620104 | 西固区 |
| 310101 | 黄浦区 | 430424 | 衡东县 | 620105 | 安宁区 |

| 行政区划代码 | 对应地市 | 行政区划代码 | 对应地市 | 行政区划代码 | 对应地市 |
|---|---|---|---|---|---|
| 310103 | 卢湾区 | 430426 | 祁东县 | 620111 | 红古区 |
| 310104 | 徐汇区 | 430481 | 耒阳市 | 620121 | 永登县 |
| 310105 | 长宁区 | 430482 | 常宁市 | 620122 | 皋兰县 |
| 310106 | 静安区 | 430500 | 邵阳市 | 620123 | 榆中县 |
| 310107 | 普陀区 | 430501 | 市辖区 | 620200 | 嘉峪关市 |
| 310108 | 闸北区 | 430502 | 双清区 | 620201 | 市辖区 |
| 310109 | 虹口区 | 430503 | 大祥区 | 620300 | 金昌市 |
| 310110 | 杨浦区 | 430511 | 北塔区 | 620301 | 市辖区 |
| 310112 | 闵行区 | 430521 | 邵东县 | 620302 | 金川区 |
| 310113 | 宝山区 | 430522 | 新邵县 | 620321 | 永昌县 |
| 310114 | 嘉定区 | 430523 | 邵阳县 | 620400 | 白银市 |
| 310115 | 浦东新区 | 430524 | 隆回县 | 620401 | 市辖区 |
| 310116 | 金山区 | 430525 | 洞口县 | 620402 | 白银区 |
| 310117 | 松江区 | 430527 | 绥宁县 | 620403 | 平川区 |
| 310118 | 青浦区 | 430528 | 新宁县 | 620421 | 靖远县 |
| 310119 | 南汇区 | 430529 | 城步苗族自治县 | 620422 | 会宁县 |
| 310120 | 奉贤区 | 430581 | 武冈市 | 620423 | 景泰县 |
| 310200 | 县 | 430600 | 岳阳市 | 620500 | 天水市 |
| 310230 | 崇明县 | 430601 | 市辖区 | 620501 | 市辖区 |
| 320000 | 江苏省 | 430602 | 岳阳楼区 | 620502 | 秦城区 |
| 320100 | 南京市 | 430603 | 云溪区 | 620503 | 北道区 |
| 320101 | 市辖区 | 430611 | 君山区 | 620521 | 清水县 |
| 320102 | 玄武区 | 430621 | 岳阳县 | 620522 | 秦安县 |
| 320103 | 白下区 | 430623 | 华容县 | 620523 | 甘谷县 |
| 320104 | 秦淮区 | 430624 | 湘阴县 | 620524 | 武山县 |
| 320105 | 建邺区 | 430626 | 平江县 | 620525 | 张家川回族自治县 |
| 320106 | 鼓楼区 | 430681 | 汨罗市 | 620600 | 武威市 |
| 320107 | 下关区 | 430682 | 临湘市 | 620601 | 市辖区 |
| 320111 | 浦口区 | 430700 | 常德市 | 620602 | 凉州区 |
| 320112 | 大厂区 | 430701 | 市辖区 | 620621 | 民勤县 |
| 320113 | 栖霞区 | 430702 | 武陵区 | 620622 | 古浪县 |
| 320114 | 雨花台区 | 430703 | 鼎城区 | 620623 | 天祝藏族自治县 |
| 320115 | 江宁区 | 430721 | 安乡县 | 622100 | 酒泉地区 |
| 320122 | 江浦县 | 430722 | 汉寿县 | 622101 | 玉门市 |
| 320123 | 六合县 | 430723 | 澧县 | 622102 | 酒泉市 |
| 320124 | 溧水县 | 430724 | 临澧县 | 622103 | 敦煌市 |
| 320125 | 高淳县 | 430725 | 桃源县 | 622123 | 金塔县 |
| 320200 | 无锡市 | 430726 | 石门县 | 622124 | 北蒙古族自治县 |

| 行政区划代码 | 对应地市 | 行政区划代码 | 对应地市 | 行政区划代码 | 对应地市 |
|---|---|---|---|---|---|
| 320201 | 市辖区 | 430781 | 津市市 | 622125 | 阿克塞哈萨克族自治县 |
| 320202 | 崇安区 | 430800 | 张家界市 | 622126 | 安西县 |
| 320203 | 南长区 | 430801 | 市辖区 | 622200 | 张掖地区 |
| 320204 | 北塘区 | 430802 | 永定区 | 622201 | 张掖市 |
| 320205 | 锡山区 | 430811 | 武陵源区 | 622222 | 肃南裕固族自治县 |
| 320206 | 惠山区 | 430821 | 慈利县 | 622223 | 民乐县 |
| 320211 | 滨湖区 | 430822 | 桑植县 | 622224 | 临泽县 |
| 320281 | 江阴市 | 430900 | 益阳市 | 622225 | 高台县 |
| 320282 | 宜兴市 | 430901 | 市辖区 | 622226 | 山丹县 |
| 320300 | 徐州市 | 430902 | 资阳区 | 622400 | 定西地区 |
| 320301 | 市辖区 | 430903 | 赫山区 | 622421 | 定西县 |
| 320302 | 鼓楼区 | 430921 | 南县 | 622424 | 通渭县 |
| 320303 | 云龙区 | 430922 | 桃江县 | 622425 | 陇西县 |
| 320304 | 九里区 | 430923 | 安化县 | 622426 | 渭源县 |
| 320305 | 贾汪区 | 430981 | 沅江市 | 622427 | 临洮县 |
| 320311 | 泉山区 | 431000 | 郴州市 | 622428 | 漳县 |
| 320321 | 丰县 | 431001 | 市辖区 | 622429 | 岷县 |
| 320322 | 沛县 | 431002 | 北湖区 | 622600 | 陇南地区 |
| 320323 | 铜山县 | 431003 | 苏仙区 | 622621 | 武都县 |
| 320324 | 睢宁县 | 431021 | 桂阳县 | 622623 | 宕昌县 |
| 320381 | 新沂市 | 431022 | 宜章县 | 622624 | 成县 |
| 320382 | 邳州市 | 431023 | 永兴县 | 622625 | 康县 |
| 320400 | 常州市 | 431024 | 嘉禾县 | 622626 | 文县 |
| 320401 | 市辖区 | 431025 | 临武县 | 622627 | 西和县 |
| 320402 | 天宁区 | 431026 | 汝城县 | 622628 | 礼县 |
| 320404 | 钟楼区 | 431027 | 桂东县 | 622629 | 两当县 |
| 320405 | 戚墅堰区 | 431028 | 安仁县 | 622630 | 徽县 |
| 320411 | 郊区 | 431081 | 资兴市 | 622700 | 平凉地区 |
| 320481 | 溧阳市 | 431100 | 永州市 | 622701 | 平凉市 |
| 320482 | 金坛市 | 431101 | 市辖区 | 622722 | 泾川县 |
| 320483 | 武进市 | 431102 | 芝山区 | 622723 | 灵台县 |
| 320500 | 苏州市 | 431103 | 冷水滩区 | 622724 | 崇信县 |
| 320501 | 市辖区 | 431121 | 祁阳县 | 622725 | 华亭县 |
| 320502 | 沧浪区 | 431122 | 东安县 | 622726 | 庄浪县 |
| 320503 | 平江区 | 431123 | 双牌县 | 622727 | 静宁县 |
| 320504 | 金阊区 | 431124 | 道县 | 622800 | 庆阳地区 |
| 320505 | 虎丘区 | 431125 | 江永县 | 622801 | 西峰市 |
| 320506 | 吴中区 | 431126 | 宁远县 | 622821 | 庆阳县 |

| 行政区划代码 | 对应地市 | 行政区划代码 | 对应地市 | 行政区划代码 | 对应地市 |
|---|---|---|---|---|---|
| 320507 | 相城区 | 431127 | 蓝山县 | 622822 | 环县 |
| 320581 | 常熟市 | 431128 | 新田县 | 622823 | 华池县 |
| 320582 | 张家港市 | 431129 | 江华瑶族自治县 | 622824 | 合水县 |
| 320583 | 昆山市 | 431200 | 怀化市 | 622825 | 正宁县 |
| 320584 | 吴江市 | 431201 | 市辖区 | 622826 | 宁县 |
| 320585 | 太仓市 | 431202 | 鹤城区 | 622827 | 镇原县 |
| 320600 | 南通市 | 431221 | 中方县 | 622900 | 临夏回族自治州 |
| 320601 | 市辖区 | 431222 | 沅陵县 | 622901 | 临夏市 |
| 320602 | 崇川区 | 431223 | 辰溪县 | 622921 | 临夏县 |
| 320611 | 港闸区 | 431224 | 溆浦县 | 622922 | 康乐县 |
| 320621 | 海安县 | 431225 | 会同县 | 622923 | 永靖县 |
| 320623 | 如东县 | 431226 | 麻阳苗族自治县 | 622924 | 广河县 |
| 320681 | 启东市 | 431227 | 新晃侗族自治县 | 622925 | 和政县 |
| 320682 | 如皋市 | 431228 | 芷江侗族自治县 | 622926 | 东乡族自治县 |
| 320683 | 通州市 | 431229 | 靖州苗族侗族自治 | 622927 | 积石山保安族东乡 |
| 320684 | 海门市 | 431230 | 通道侗族自治县 | 623000 | 甘南藏族自治州 |
| 320700 | 连云港市 | 431281 | 洪江市 | 623001 | 合作市 |
| 320701 | 市辖区 | 431300 | 娄底市 | 623021 | 临潭县 |
| 320703 | 连云区 | 431301 | 市辖区 | 623022 | 卓尼县 |
| 320705 | 新浦区 | 431302 | 娄星区 | 623023 | 舟曲县 |
| 320706 | 海州区 | 431321 | 双峰县 | 623024 | 迭部县 |
| 320721 | 赣榆县 | 431322 | 新化县 | 623025 | 玛曲县 |
| 320722 | 东海县 | 431381 | 冷水江市 | 623026 | 碌曲县 |
| 320723 | 灌云县 | 431382 | 涟源市 | 623027 | 夏河县 |
| 320724 | 灌南县 | 433100 | 湘西土家族苗族自治州 | 630000 | 青海省 |
| 320800 | 淮安市 | 433101 | 吉首市 | 630100 | 西宁市 |
| 320801 | 市辖区 | 433122 | 泸溪县 | 630101 | 市辖区 |
| 320802 | 清河区 | 433123 | 凤凰县 | 630102 | 城东区 |
| 320803 | 楚州区 | 433124 | 花垣县 | 630103 | 城中区 |
| 320804 | 淮阴区 | 433125 | 保靖县 | 630104 | 城西区 |
| 320811 | 清浦区 | 433126 | 古丈县 | 630105 | 城北区 |
| 320826 | 涟水县 | 433127 | 永顺县 | 630121 | 大通回族土族自治县 |

| 行政区划代码 | 对应地市 | 行政区划代码 | 对应地市 | 行政区划代码 | 对应地市 |
|---|---|---|---|---|---|
| 320829 | 洪泽县 | 433130 | 龙山县 | 630122 | 湟中县 |
| 320830 | 盱眙县 | 440000 | 广东省 | 630123 | 湟源县 |
| 320831 | 金湖县 | 440100 | 广州市 | 632100 | 海东地区 |
| 320900 | 盐城市 | 440101 | 市辖区 | 632121 | 平安县 |
| 320901 | 市辖区 | 440102 | 东山区 | 632122 | 民和回族土族自治县 |
| 320902 | 城区 | 440103 | 荔湾区 | 632123 | 乐都县 |
| 320921 | 响水县 | 440104 | 越秀区 | 632126 | 互助土族自治县 |
| 320922 | 滨海县 | 440105 | 海珠区 | 632127 | 化隆回族自治县 |
| 320923 | 阜宁县 | 440106 | 天河区 | 632128 | 循化撒拉族自治县 |
| 320924 | 射阳县 | 440107 | 芳村区 | 632200 | 海北藏族自治州 |
| 320925 | 建湖县 | 440111 | 白云区 | 632221 | 门源回族自治县 |
| 320928 | 盐都县 | 440112 | 黄埔区 | 632222 | 祁连县 |
| 320981 | 东台市 | 440113 | 番禺区 | 632223 | 海晏县 |
| 320982 | 大丰市 | 440114 | 花都区 | 632224 | 刚察县 |
| 321000 | 扬州市 | 440183 | 增城市 | 632300 | 黄南藏族自治州 |
| 321001 | 市辖区 | 440184 | 从化市 | 632321 | 同仁县 |
| 321002 | 广陵区 | 440200 | 韶关市 | 632322 | 尖扎县 |
| 321003 | 邗江区 | 440201 | 市辖区 | 632323 | 泽库县 |
| 321011 | 郊区 | 440202 | 北江区 | 632324 | 河南蒙古族自治县 |
| 321023 | 宝应县 | 440203 | 武江区 | 632500 | 海南藏族自治州 |
| 321081 | 仪征市 | 440204 | 浈江区 | 632521 | 共和县 |
| 321084 | 高邮市 | 440221 | 曲江县 | 632522 | 同德县 |
| 321088 | 江都市 | 440222 | 始兴县 | 632523 | 贵德县 |
| 321100 | 镇江市 | 440224 | 仁化县 | 632524 | 兴海县 |
| 321101 | 市辖区 | 440229 | 翁源县 | 632525 | 贵南县 |
| 321102 | 京口区 | 440232 | 乳源瑶族自治县 | 632600 | 果洛藏族自治州 |
| 321111 | 润州区 | 440233 | 新丰县 | 632621 | 玛沁县 |
| 321121 | 丹徒县 | 440281 | 乐昌市 | 632622 | 班玛县 |
| 321181 | 丹阳市 | 440282 | 南雄市 | 632623 | 甘德县 |
| 321182 | 扬中市 | 440300 | 深圳市 | 632624 | 达日县 |
| 321183 | 句容市 | 440301 | 市辖区 | 632625 | 久治县 |
| 321200 | 泰州市 | 440303 | 罗湖区 | 632626 | 玛多县 |
| 321201 | 市辖区 | 440304 | 福田区 | 632700 | 玉树藏族自治州 |
| 321202 | 海陵区 | 440305 | 南山区 | 632721 | 玉树县 |
| 321203 | 高港区 | 440306 | 宝安区 | 632722 | 杂多县 |
| 321281 | 兴化市 | 440307 | 龙岗区 | 632723 | 称多县 |

| 行政区划代码 | 对应地市 | 行政区划代码 | 对应地市 | 行政区划代码 | 对应地市 |
|---|---|---|---|---|---|
| 321282 | 靖江市 | 440308 | 盐田区 | 632724 | 治多县 |
| 321283 | 泰兴市 | 440400 | 珠海市 | 632725 | 囊谦县 |
| 321284 | 姜堰市 | 440401 | 市辖区 | 632726 | 曲麻莱县 |
| 321300 | 宿迁市 | 440402 | 香洲区 | 632800 | 海西蒙古族藏族自治县 |
| 321301 | 市辖区 | 440403 | 斗门区 | 632801 | 格尔木市 |
| 321302 | 宿城区 | 440404 | 金湾区 | 632802 | 德令哈市 |
| 321321 | 宿豫县 | 440500 | 汕头市 | 632821 | 乌兰县 |
| 321322 | 沭阳县 | 440501 | 市辖区 | 632822 | 都兰县 |
| 321323 | 泗阳县 | 440506 | 达濠区 | 632823 | 天峻县 |
| 321324 | 泗洪县 | 440507 | 龙湖区 | 640000 | 宁夏回族自治区 |
| 330000 | 浙江省 | 440508 | 金园区 | 640100 | 银川市 |
| 330100 | 杭州市 | 440509 | 升平区 | 640101 | 市辖区 |
| 330101 | 市辖区 | 440510 | 河浦区 | 640102 | 城区 |
| 330102 | 上城区 | 440523 | 南澳县 | 640103 | 新城区 |
| 330103 | 下城区 | 440582 | 潮阳市 | 640111 | 郊区 |
| 330104 | 江干区 | 440583 | 澄海市 | 640121 | 永宁县 |
| 330105 | 拱墅区 | 440600 | 佛山市 | 640122 | 贺兰县 |
| 330106 | 西湖区 | 440601 | 市辖区 | 640200 | 石嘴山市 |
| 330108 | 滨江区 | 440602 | 城区 | 640201 | 市辖区 |
| 330109 | 萧山区 | 440603 | 石湾区 | 640202 | 大武口区 |
| 330110 | 余杭区 | 440681 | 顺德市 | 640203 | 石嘴山区 |
| 330122 | 桐庐县 | 440682 | 南海市 | 640204 | 石炭井区 |
| 330127 | 淳安县 | 440683 | 三水市 | 640221 | 平罗县 |
| 330182 | 建德市 | 440684 | 高明市 | 640222 | 陶乐县 |
| 330183 | 富阳市 | 440700 | 江门市 | 640223 | 惠农县 |
| 330185 | 临安市 | 440701 | 市辖区 | 640300 | 吴忠市 |
| 330200 | 宁波市 | 440703 | 蓬江区 | 640301 | 市辖区 |
| 330201 | 市辖区 | 440704 | 江海区 | 640302 | 利通区 |
| 330203 | 海曙区 | 440781 | 台山市 | 640321 | 中卫县 |
| 330204 | 江东区 | 440782 | 新会市 | 640322 | 中宁县 |
| 330205 | 江北区 | 440783 | 开平市 | 640323 | 盐池县 |
| 330206 | 北仑区 | 440784 | 鹤山市 | 640324 | 同心县 |
| 330211 | 镇海区 | 440785 | 恩平市 | 640381 | 青铜峡市 |
| 330225 | 象山县 | 440800 | 湛江市 | 640382 | 灵武市 |
| 330226 | 宁海县 | 440801 | 市辖区 | 640400 | 固原市 |
| 330227 | 鄞县 | 440802 | 赤坎区 | 640401 | 市辖区 |
| 330281 | 余姚市 | 440803 | 霞山区 | 640402 | 原州区 |
| 330282 | 慈溪市 | 440804 | 坡头区 | 640421 | 海原县 |
| 330283 | 奉化市 | 440811 | 麻章区 | 640422 | 西吉县 |

| 行政区划代码 | 对应地市 | 行政区划代码 | 对应地市 | 行政区划代码 | 对应地市 |
|---|---|---|---|---|---|
| 330300 | 温州市 | 440823 | 遂溪县 | 640423 | 隆德县 |
| 330301 | 市辖区 | 440825 | 徐闻县 | 640424 | 泾源县 |
| 330302 | 鹿城区 | 440881 | 廉江市 | 640425 | 彭阳县 |
| 330303 | 龙湾区 | 440882 | 雷州市 | 650000 | 新疆维吾尔自治区 |
| 330304 | 瓯海区 | 440883 | 吴川市 | 650100 | 乌鲁木齐市 |
| 330322 | 洞头县 | 440900 | 茂名市 | 650101 | 市辖区 |
| 330324 | 永嘉县 | 440901 | 市辖区 | 650102 | 天山区 |
| 330326 | 平阳县 | 440902 | 茂南区 | 650103 | 沙依巴克区 |
| 330327 | 苍南县 | 440903 | 茂港区 | 650104 | 新市区 |
| 330328 | 文成县 | 440923 | 电白县 | 650105 | 水磨沟区 |
| 330329 | 泰顺县 | 440981 | 高州市 | 650106 | 头屯河区 |
| 330381 | 瑞安市 | 440982 | 化州市 | 650107 | 南泉区 |
| 330382 | 乐清市 | 440983 | 信宜市 | 650108 | 东山区 |
| 330400 | 嘉兴市 | 441200 | 肇庆市 | 650121 | 乌鲁木齐县 |
| 330401 | 市辖区 | 441201 | 市辖区 | 650200 | 克拉玛依市 |
| 330402 | 秀城区 | 441202 | 端州区 | 650201 | 市辖区 |
| 330411 | 秀洲区 | 441203 | 鼎湖区 | 650202 | 独山子区 |
| 330421 | 嘉善县 | 441223 | 广宁县 | 650203 | 克拉玛依区 |
| 330424 | 海盐县 | 441224 | 怀集县 | 650204 | 白碱滩区 |
| 330481 | 海宁市 | 441225 | 封开县 | 650205 | 乌尔禾区 |
| 330482 | 平湖市 | 441226 | 德庆县 | 652100 | 吐鲁番地区 |
| 330483 | 桐乡市 | 441283 | 高要市 | 652101 | 吐鲁番市 |
| 330500 | 湖州市 | 441284 | 四会市 | 652122 | 鄯善县 |
| 330501 | 市辖区 | 441300 | 惠州市 | 652123 | 托克逊县 |
| 330521 | 德清县 | 441301 | 市辖区 | 652200 | 哈密地区 |
| 330522 | 长兴县 | 441302 | 惠城区 | 652201 | 哈密市 |
| 330523 | 安吉县 | 441322 | 博罗县 | 652222 | 巴里坤哈萨克自治县 |
| 330600 | 绍兴市 | 441323 | 惠东县 | 652223 | 伊吾县 |
| 330601 | 市辖区 | 441324 | 龙门县 | 652300 | 昌吉回族自治州 |
| 330602 | 越城区 | 441381 | 惠阳市 | 652301 | 昌吉市 |
| 330621 | 绍兴县 | 441400 | 梅州市 | 652302 | 阜康市 |
| 330624 | 新昌县 | 441401 | 市辖区 | 652303 | 米泉市 |
| 330681 | 诸暨市 | 441402 | 梅江区 | 652323 | 呼图壁县 |
| 330682 | 上虞市 | 441421 | 梅县 | 652324 | 玛纳斯县 |
| 330683 | 嵊州市 | 441422 | 大埔县 | 652325 | 奇台县 |
| 330700 | 金华市 | 441423 | 丰顺县 | 652327 | 吉木萨尔县 |
| 330701 | 市辖区 | 441424 | 五华县 | 652328 | 木垒哈萨克自治县 |

| 行政区划代码 | 对应地市 | 行政区划代码 | 对应地市 | 行政区划代码 | 对应地市 |
|---|---|---|---|---|---|
| 330702 | 婺城区 | 441426 | 平远县 | 652700 | 博尔塔拉蒙古自治县 |
| 330703 | 金东区 | 441427 | 蕉岭县 | 652701 | 博乐市 |
| 330723 | 武义县 | 441481 | 兴宁市 | 652722 | 精河县 |
| 330726 | 浦江县 | 441500 | 汕尾市 | 652723 | 温泉县 |
| 330727 | 磐安县 | 441501 | 市辖区 | 652800 | 巴音郭楞蒙古自治县 |
| 330781 | 兰溪市 | 441502 | 城区 | 652801 | 库尔勒市 |
| 330782 | 义乌市 | 441521 | 海丰县 | 652822 | 轮台县 |
| 330783 | 东阳市 | 441523 | 陆河县 | 652823 | 尉犁县 |
| 330784 | 永康市 | 441581 | 陆丰市 | 652824 | 若羌县 |
| 330800 | 衢州市 | 441600 | 河源市 | 652825 | 且末县 |
| 330801 | 市辖区 | 441601 | 市辖区 | 652826 | 焉耆回族自治县 |
| 330802 | 柯城区 | 441602 | 源城区 | 652827 | 和静县 |
| 330803 | 衢江区 | 441621 | 紫金县 | 652828 | 和硕县 |
| 330822 | 常山县 | 441622 | 龙川县 | 652829 | 博湖县 |
| 330824 | 开化县 | 441623 | 连平县 | 652900 | 阿克苏地区 |
| 330825 | 龙游县 | 441624 | 和平县 | 652901 | 阿克苏市 |
| 330881 | 江山市 | 441625 | 东源县 | 652922 | 温宿县 |
| 330900 | 舟山市 | 441700 | 阳江市 | 652923 | 库车县 |
| 330901 | 市辖区 | 441701 | 市辖区 | 652924 | 沙雅县 |
| 330902 | 定海区 | 441702 | 江城区 | 652925 | 新和县 |
| 330903 | 普陀区 | 441721 | 阳西县 | 652926 | 拜城县 |
| 330921 | 岱山县 | 441723 | 阳东县 | 652927 | 乌什县 |
| 330922 | 嵊泗县 | 441781 | 阳春市 | 652928 | 阿瓦提县 |
| 331000 | 台州市 | 441800 | 清远市 | 652929 | 柯坪县 |
| 331001 | 市辖区 | 441801 | 市辖区 | 653000 | 克孜勒苏柯尔克孜自治州 |
| 331002 | 椒江区 | 441802 | 清城区 | 653001 | 阿图什市 |
| 331003 | 黄岩区 | 441821 | 佛冈县 | 653022 | 阿克陶县 |
| 331004 | 路桥区 | 441823 | 阳山县 | 653023 | 阿合奇县 |
| 331021 | 玉环县 | 441825 | 连山壮族瑶族自治县 | 653024 | 乌恰县 |
| 331022 | 三门县 | 441826 | 连南瑶族自治县 | 653100 | 喀什地区 |
| 331023 | 天台县 | 441827 | 清新县 | 653101 | 喀什市 |
| 331024 | 仙居县 | 441881 | 英德市 | 653121 | 疏附县 |
| 331081 | 温岭市 | 441882 | 连州市 | 653122 | 疏勒县 |
| 331082 | 临海市 | 441900 | 东莞市 | 653123 | 英吉沙县 |
| 331100 | 丽水市 | 442000 | 中山市 | 653124 | 泽普县 |

| 行政区划代码 | 对应地市 | 行政区划代码 | 对应地市 | 行政区划代码 | 对应地市 |
|---|---|---|---|---|---|
| 331101 | 市辖区 | 445100 | 潮州市 | 653125 | 莎车县 |
| 331102 | 莲都区 | 445101 | 市辖区 | 653126 | 叶城县 |
| 331121 | 青田县 | 445102 | 湘桥区 | 653127 | 麦盖提县 |
| 331122 | 缙云县 | 445121 | 潮安县 | 653128 | 岳普湖县 |
| 331123 | 遂昌县 | 445122 | 饶平县 | 653129 | 伽师县 |
| 331124 | 松阳县 | 445200 | 揭阳市 | 653130 | 巴楚县 |
| 331125 | 云和县 | 445201 | 市辖区 | 653131 | 塔什库尔干塔吉克自治县 |
| 331126 | 庆元县 | 445202 | 榕城区 | 653200 | 和田地区 |
| 331127 | 景宁畲族自治县 | 445221 | 揭东县 | 653201 | 和田市 |
| 331181 | 龙泉市 | 445222 | 揭西县 | 653221 | 和田县 |
| 340000 | 安徽省 | 445224 | 惠来县 | 653222 | 墨玉县 |
| 340100 | 合肥市 | 445281 | 普宁市 | 653223 | 皮山县 |
| 340101 | 市辖区 | 445300 | 云浮市 | 653224 | 洛浦县 |
| 340102 | 东市区 | 445301 | 市辖区 | 653225 | 策勒县 |
| 340103 | 中市区 | 445302 | 云城区 | 653226 | 于田县 |
| 340104 | 西市区 | 445321 | 新兴县 | 653227 | 民丰县 |
| 340111 | 郊区 | 445322 | 郁南县 | 654000 | 伊犁哈萨克自治州 |
| 340121 | 长丰县 | 445323 | 云安县 | 654002 | 伊宁市 |
| 340122 | 肥东县 | 445381 | 罗定市 | 654003 | 奎屯市 |
| 340123 | 肥西县 | 450000 | 广西壮族自治区 | 654021 | 伊宁县 |
| 340200 | 芜湖市 | 450100 | 南宁市 | 654022 | 察布查尔锡伯自治县 |
| 340201 | 市辖区 | 450101 | 市辖区 | 654023 | 霍城县 |
| 340202 | 镜湖区 | 450102 | 兴宁区 | 654024 | 巩留县 |
| 340203 | 马塘区 | 450103 | 新城区 | 654025 | 新源县 |
| 340204 | 新芜区 | 450104 | 城北区 | 654026 | 昭苏县 |
| 340207 | 鸠江区 | 450105 | 江南区 | 654027 | 特克斯县 |
| 340221 | 芜湖县 | 450106 | 永新区 | 654028 | 尼勒克县 |
| 340222 | 繁昌县 | 450121 | 邕宁县 | 654200 | 塔城地区 |
| 340223 | 南陵县 | 450122 | 武鸣县 | 654201 | 塔城市 |
| 340300 | 蚌埠市 | 450200 | 柳州市 | 654202 | 乌苏市 |
| 340301 | 市辖区 | 450201 | 市辖区 | 654221 | 额敏县 |
| 340302 | 东市区 | 450202 | 城中区 | 654223 | 沙湾县 |
| 340303 | 中市区 | 450203 | 鱼峰区 | 654224 | 托里县 |
| 340304 | 西市区 | 450204 | 柳南区 | 654225 | 裕民县 |

| 行政区划代码 | 对应地市 | 行政区划代码 | 对应地市 | 行政区划代码 | 对应地市 |
|---|---|---|---|---|---|
| 340311 | 郊区 | 450205 | 柳北区 | 654226 | 和布克赛尔蒙古自治县 |
| 340321 | 怀远县 | 450211 | 市郊区 | 654300 | 阿勒泰地区 |
| 340322 | 五河县 | 450221 | 柳江县 | 654301 | 阿勒泰市 |
| 340323 | 固镇县 | 450222 | 柳城县 | 654321 | 布尔津县 |
| 340400 | 淮南市 | 450300 | 桂林市 | 654322 | 富蕴县 |
| 340401 | 市辖区 | 450301 | 市辖区 | 654323 | 福海县 |
| 340402 | 大通区 | 450302 | 秀峰区 | 654324 | 哈巴河县 |
| 340403 | 田家庵区 | 450303 | 叠彩区 | 654325 | 青河县 |
| 340404 | 谢家集区 | 450304 | 象山区 | 654326 | 吉木乃县 |
| 340405 | 八公山区 | 450305 | 七星区 | 659000 | 自治区直辖县级行政区划 |
| 340406 | 潘集区 | 450311 | 雁山区 | 659001 | 石河子市 |
| 340421 | 凤台县 | 450321 | 阳朔县 | 710000 | 台湾省 |
| 340500 | 马鞍山市 | 450322 | 临桂县 | 810000 | 香港特别行政区 |
| 340501 | 市辖区 | 450323 | 灵川县 | 820000 | 澳门特别行政区 |